愿人生从容如水

许可 编著

南京出版传媒集团
南京出版社

图书在版编目（CIP）数据

愿人生从容如水 / 许可编著. —南京：南京出版社，2018.1

ISBN 978-7-5533-2035-9

Ⅰ. ①愿… Ⅱ. ①许… Ⅲ. ①人生哲学－通俗读物 Ⅳ. ①B821-49

中国版本图书馆CIP数据核字（2017）第292841号

书　　名： 愿人生从容如水
作　　者： 许　可
出版发行： 南京出版传媒集团
南 京 出 版 社

社　　址： 南京市太平门街53号　　**邮　　编：** 210016
网　　址： http://www.njcbs.cn　　**电子信箱：** njcbs1988@163.com
天猫1店： https://njcbcmjtts.tmall.com/　**天猫2店：** https://nanjingchubanshets.tmall.com/
联系电话： 025-83283893、83283864（营销）025-83112257（编务）

出 版 人： 朱同芳
出 品 人： 卢海鸣
责任编辑： 金　欣
装帧设计： 何　琳
责任印制： 杨福彬

策　　划： (www.rzbook.com)
印　　刷： 北京佳诚信缘彩印有限公司
开　　本： 787毫米×1092毫米　1/32
印　　张： 4
字　　数： 100千字
版　　次： 2018年1月第1版
印　　次： 2018年1月第1次印刷
书　　号： ISBN 978-7-5533-2035-9
定　　价： 16.80元

营销分类：励志

前言
Foreword

生命，放诸个体是独特而神奇的，但放诸世间，就渺茫而微小了，芸芸众生之间，一个普通人就如旷野中的一棵小草，就如风中的一抹飞絮，难怪古人会发出“人生忽如寄，寿无金石固”的感叹。

但尽管平凡，尽管短暂，个体的生命也可以活得精彩，活的快乐，就如每一棵草都可以开花。

“命由己造，相由心生”，每个人的命运都掌握在自己手里。执着追求名利的人，难免会遭遇失败、挫折、坎坷及由此造成的诸多痛苦；而淡定自持者，却可以享受一片广阔的天地，一方安宁的净土。

人生应如流水，在时光中汩汩流淌，时缓时急，顺势而为，随着生命的自然律动优雅老去。

流水汤汤，有时激越，有时舒缓，就好比人这一生，有时得意，有时黯然。得意时，斗志昂扬，全力精进，让生命如汹涌的江河，如浩瀚的大海，洪波涌起，惊涛拍岸；失意时，也不必沮丧，更不必自暴自弃，不妨让生命的流动放缓，如那山间潺潺的溪泉，尽管无波无浪，无人欣赏，但流水过处，自有一片花红柳绿，收获一番怡然自得的快乐。

世间有太多美好的事物，但一个人不会拥有所有的美好。许多人不明白这个道理，为了获得，执意去向往与追逐，耗尽一切，在追逐中失去了人生的乐趣和况味，给自己套上了沉重的枷锁。

其实在漫漫人生路上，我们要面临形形色色的选择，有选择就有放弃，有时候适当的放弃是一种更好的获得。选择什么和放弃什么是一门学问，更是人生的修炼。

著名作家贾平凹说："会活的人，或者说取得成功的人，其实懂得了两个字：舍得。不舍不得，小舍小得，大舍大得。"当你懂得了"舍"时，你就会"得"到更多。人生时刻需要抉择，我们要学会在舍与得之间寻求生活的从容，感悟生命的真谛，做一个豁达和智慧的人。

目录
Contents

Part 01 初心不改，生命始终从容 / 1

Part 02 走过风雨，静待花开 / 37

Part 01

初心不改，生命始终从容

一个人最初的念想，就像是一粒种子，在单纯无邪的年华里播种，笑容是阳光，干净的心是雨露，慢慢地它就可以生根发芽。守护它，是责任，更是快乐。

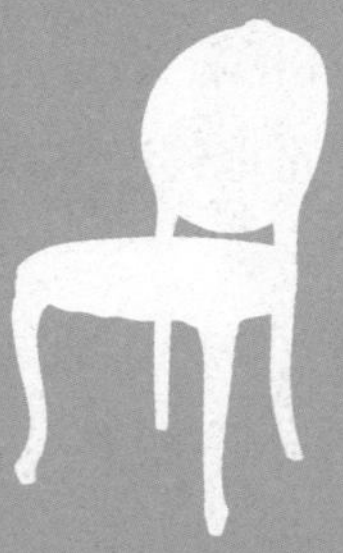

01

自我心灵独唱

同样一朵花，有人说它香，有人说它带刺，有人说它热烈，有人说它华而不实……每个人都会从自己的角度出发，去评价身边的人和物。

曾有一个年轻人问一位智者："我活着的价值是什么？"

智者没有回答，随手捡起一块石头，让年轻人拿到石头市场上去卖，但不管别人出多高的价，都不要真卖。年轻人按照智者说的，果真把石头拿到了石头市场上。一开始，这块不起眼的石头并没有引起什么人注意。渐渐地，开始有人愿意出价买下它。有人愿意出2块钱，有人愿意出5块钱，最后，有人愿意出10块钱买下这块很平常的石头。

年轻人拿回石头，惊奇地告诉智者："居然有人出10块钱来买这块石头。"

智者没有答话，又让年轻人把石头拿到黄金市场上去卖。在黄金市场上，这块石头居然卖上了几万块钱的高价，这让年轻人十分惊异。他拿回石头，又如实地把这个情况告诉了智者。

智者还是没有答话，而且又让他把石头拿到钻石市场去卖。不可思议的是，居然有人愿意出几十万买下这块极为普通的石头。

年轻人问智者：“它不过是您随手捡起的一块石头，它真的有这么大的价值吗？”

智者笑笑说：“在我看来，它还是那块石头。用别人的眼光来衡量一个东西的价值，有时候会让人失去正确判断的能力。”

一个人的价值，也如那一朵花、一块石头一样，究竟有没有价值，取决于对谁而言。每个人都是为自己而活，为什么要用别人的眼光来衡量自己的价值和生活的意义呢？走自己的路，唱自己的歌，活出自己的精彩，便是你真正的价值，便是人生的意义。

茉莉是一个独立的女孩，从小就喜欢唱歌。人少的时候，她喜欢放声高歌，人多的时候，她也是想唱就唱。那一年，她才四五岁，却学着大人咿咿呀呀唱起了流行歌曲。一个来家里做客的人听见她在瞎唱，就说：“茉莉，你唱的什么山歌啊？”

“我唱的不是山歌，是流行歌曲！”茉莉一本正经地回答。

后来，茉莉上了学，她还是喜欢唱歌，上学路上唱，放学路上唱，下课时就一个人站在走廊上唱。虽然没有什么听众，茉莉还是一天到晚地唱着。

有一次，茉莉的班主任经过走廊，听见茉莉在放声高歌，就好奇地问她："茉莉，你唱得这么大声，是在唱给谁听呢？"

茉莉一本正经地说："我在唱给自己听呢。老师，我唱得不好听吗？"

老师笑了笑，说："嗯，有一点儿跑调了。"

茉莉有点不好意思地说："哦，那就是我唱得还不够好吧？"于是，她更加起劲地练了起来。

时间飞逝，茉莉很快长成了一位亭亭玉立的少女。她虽然喜欢唱歌，却没有一副响亮的嗓子。不过，她一点儿也不觉得遗憾，唱歌又不是为了吸引听众，只要自己高兴、快乐就行。

歌曲成了茉莉的心声。高兴了，她唱欢快的歌，越唱越欢快；伤心了，她唱伤感的歌，唱一唱，心中的忧伤就渐渐随着歌声飞远了。别人喜欢听，她就大声唱；别人不喜欢听，她就在心里哼着小曲儿，自己唱给自己听。

茉莉就是这样一个我行我素的人，她从来不用别人的眼光来评价自己，也不会因为别人的喜好来左右自己的行为，更不会盲目地模仿别人。

大学时，周围很多同学都在图书馆里孜孜不倦地学习，茉莉却特立独行，一个人出去打工、旅游。她说："别人读万卷书，我行万里路。别人从书中能学到的东西，我从实践中也能学到。"在当时看来，一个不足二十岁的女孩说出这样的话，显得有些自傲、不知天高地厚。如今看来，却是一种早熟，一种对人生更深、更独立的理解。

大学毕业后，周围同学有的继续读研考博，有的留在大城市奋斗事业，有的在老家找了一份安定的工作，过起了闲适、安逸的生活。茉莉却背起旅行包，开始了一个人周游世界的背包客生涯。

也许你会问："旅游是贵族的消费，没有钱怎么旅游？"

的确，钱是一个很实际的问题。很多人都想着先拼命挣钱，一旦有了足够多的钱，再环游世界，过逍遥的生活。可是，时光不等人，当你有钱的时候，那份旅游的兴致是否还在？健康是否还在？体力是否还在？无忧无虑的生活是否还在？茉莉的人生观是："争分夺秒去做自己最想做的事儿，其他次要的事情，暂且搁在一边。"她也有生活的压力，也有家庭的负担，也有未来的设想与规划，但她并没有因为旅游成为不孝女、啃老族，也没有因为旅游耽误了前途和工作。

人生不是为压力而活，不是为未来而活，更不是为别人而活。把压力转变为动力，活好当下，活好自己，不是没有可能。茉莉明智地选择了自由职业，为一份旅游杂志撰稿。一开始，她的稿费很少，因此，她每到一个新的地方，就会选择在城市里落脚，然后找一份能糊口的兼职工作。白天，她打工赚钱；晚上，她俯首写作；周末，她相约三五朋友，一起去城外畅游。

旅游开阔了茉莉的视野，让她体验了各处的人情，也结识了各种各样的朋友。茉莉不久就成了旅游杂志的专职撰稿人，她一路走走停停，一台相机、一个小笔记本、几件应季衣袜、一支笔、一本便笺、几张银行卡、一部手机，便是她背包里的全部家当。几年后，年仅二十几岁的茉莉已经一个人环游了世界。茉莉归来，当她带着迷人而成熟的微笑，重新回到她的同伴中时，同伴们纷纷为她的改变而惊讶。

“士别三日当刮目相看。”几年不见的茉莉，已然不是当年那个有点小叛逆、小清新的女孩，而是成了一个成熟且充满魅力的女子，她坚强独立、对事物有着独到见解、见多识广、阅历丰富，浑身散发出一种独特的气质，闪亮而动人。这种气质，犹如一把宝剑，需要在生活的磨砺中生成，在气质培养课和书中，永远不会找到。

在旅行的路上，在人生的途中，茉莉依然一路唱着。她唱的，是自己心中的独唱；她走的，是一个与众不同的人生。

人生悟语

每个人心中，都有一支属于自己的歌。不要在意别人会不会喜欢，大声唱出心中的独唱，大胆迈向自己的人生之路。你会找到一个独立而真实的自己，拥有一份与众不同的精彩。

人生的加减法

一个人最初来到这个世上时，除了一个身躯、一个灵魂，别的什么也没有。可随着生命的成长，我们拥有的东西会越来越多。这些东西，可以是舍不掉的钱财，可以是割不断的感情，也可以是放不下的名利。世界上的东西太多了，人们往往贪心不足，要了这个还要那个。因此，人生就变成了一道加法。

可以说，人生的痛苦，很多时候是因为这道加法得来的。

英国有个叫约瑟夫的人，是公司项目部的主管，他在公司踏踏实实工作，在家老老实实生活，对老板忠诚，对妻子温柔，对孩子宠爱，算得上是一个好员工、好丈夫、好爸爸。他虽然赚钱不多，开的也是二手车，住的是租来的小房子，生活却很充实、快乐。

有一次，他的妻子珍妮去参加一个同学会，回家后，便有些闷闷不乐。

约瑟夫问她："甜心，你今天是怎么了？怎么这么不高兴？”

珍妮唉声叹气地说：“也没有什么，只是看到那些老同学一个个事业有成，开着豪华的轿车，我们却连一辆普通的新车都没有，有些难过。”

“新车？我们有一辆可以开的车就可以了嘛……”看到妻子不太高兴，约瑟夫又改口说，“不过，买一辆新车也不错。那我们就买一辆吧！明年之前，我一定会攒够买新车的钱的。”

为了买新车，约瑟夫每天起早贪黑，白天去公司上班，晚上还要做兼职。一年过去了，约瑟夫瘦了一圈，不过总算攒够了买新车的钱。

把新车开回家，约瑟夫心里十分得意。他跟妻子说：“甜心，为了这辆新车，我们去庆祝一下吧！”

没想到珍妮却说：“这有什么值得庆祝的？为了买这辆车，全家省吃俭用，已经整整一年没有出去旅游了。看看人家艾伦，一家人过得多么自在逍遥啊！”

艾伦是珍妮的好朋友，她的丈夫开着一家公司，效益很不错。他们住在高档小区里，每个暑期都要去阿尔卑斯山下度假，旅游时拍下的照片，已经装满好几本相册了。照片中美丽的风光和灿烂的笑靥，真是让人羡慕不已。

“可是，我们没那么多钱啊！”约瑟夫刚想辩驳，看见妻子的脸色不好看，赶紧哄道，“不过，一年旅游一次还是可以的。明年夏季，我们也去阿尔卑斯山下避暑吧。”

为了兑现诺言，实现去阿尔卑斯山旅游的理想，约瑟夫不得不更加拼命工作。为了赚更多钱，他还常常把兼职工作带回家来，一干就是一个通宵。次年夏天，约瑟夫终于攒够了去瑞士旅游的钱。

“好啦，好啦，出发吧。”出发那天，珍妮收拾好东西去卧室催约瑟夫，发现他又躺在沙发上睡着了，双目凹陷，挂着两个大大的黑眼圈。约瑟夫被珍妮叫醒后，拖着疲惫的双腿，把珍妮收拾好的大包小包都放上车，随后坐在珍妮旁边，开车往机场的方向驶去。

按理说，度假是为了休闲、娱乐，应该快快乐乐才是，但这次，约瑟夫一家的瑞士之行却不太理想。度假时，约瑟夫对珍妮大手大脚购买旅游纪念品有些不满；珍妮却责备约瑟夫干什么都无精打采的，一路上只知道睡觉，没有一点浪漫可言，大大破坏了她旅游的兴致。

结果，不到半个月，约瑟夫一家就提前结束旅游回到了英国。

“你看看，出国旅游也没有多大意思，你还非要吵着去。”约瑟夫对妻子说。

“这都怪你！整天无精打采的，大白天打瞌睡，买些纪念品还要阻拦我，太扫兴了。”

“我那么拼死拼活地赚钱，能不累吗？你还不体谅我，花钱那么大手大脚。”

“都怪你没本事，干了这么多年也不过是个小主管，赚的钱还不及别人的一半。不说别的，你至少也得为孩子着想一下。别人家的孩子都能上最好的学校，家里都有一大堆玩具，我们的孩子从小到大却只有一个维尼熊做朋友……”说到这里，珍妮哽咽起来。

约瑟夫的气消了下去，心里有些自责，觉得自己对不起妻儿，让他们跟着自己受苦了。

为了满足妻子的愿望，约瑟夫没日没夜地拼命工作，常常顾不上吃饭。但是，妻子想要的东西总是那么多，他总也满足不了她的愿望。好不容易一个小目标实现了，她的头脑中又会马上蹦出三个新的目标。

什么时候才是个头啊？

有时候，约瑟夫真的觉得好累，身体累，心也累。可他不能停下来休息，甚至连喘息的时间都没有。因为，有太多需要做的事情了。

在这些事情中，赚钱是第一要务：每个月的房租、汽车的油钱、日常开销、给孩子买钢琴的钱、买玩具的钱、给妻子买昂贵衣服和首饰的钱。此外，他还要为一家人来年的旅游做好准备，为妻子买一辆新车攒钱，为买大房子的首付攒钱……

这么多花钱的地方，靠他现有的薪金根本对付不过来。为此，他不得不拼命做兼职，一份、两份，两份还不够就三份。然而，约瑟夫这样做往往得不偿失，这些兼职没有给他带来多少收益，反而影响了正常的工作。最近，约瑟夫总是在工作上出现失误，领导已经对他发出警告，再这样下去他项目主管的职位就保不住了。

约瑟夫工作不顺心，回到家却还要听珍妮抱怨：

“一年一年，你怎么没有一点长进呢？薪酬没变，职位也没变。你那些老同学哪个不是经理、总监啊？你却连一个项目经理都当不上。”

“你心中还有这个家吗？你有没有想过多久没开车陪尼可去海边了？”

“我是个保姆吗？为什么看孩子、干家务都是我一个人的事儿？你搭一把手就不行吗？”

听到妻子说这样的话，约瑟夫心里十分难受，有时候也忍不住发泄几句心中的不满。他觉得妻子不体谅他，还对他冷嘲热讽，分明是瞧不起他。

约瑟夫想不明白，为什么自己那么辛苦工作，却还是不能改善生活，也不能讨妻子欢心，连儿子尼可也似乎对他颇有意见，总是离他远远的，不愿意亲近他了。

一天，又急又愁的约瑟夫累倒了。躺在病床上，他的心却还一直惦记着工作，急急地盼望自己能快点好起来。结果，病情却迟迟不好。三天后，约瑟夫实在捺不住性子，趁护士不防备，自己拔掉了手上的针头，穿上鞋就要下床。

“约瑟夫先生，你现在身体很虚弱，千万不要动。”医生在一旁阻劝他。

“我得立刻回去上班，我在这儿已经待了三天了，不能再待下去了。”

“可是你还没回到办公室，又会马上回到这里来。如果你再那样不要命地工作，总有一天会彻底垮下的。”

这时，在一旁的珍妮听医生的语气那么郑重，也劝丈夫先躺下，过几天再出院。约瑟夫还是坚持要回公司上班，医生怎么劝也劝不住。

“你不让我出院，那些完不成的事儿怎么办？买房子的首付还差得远呢。”

“买房子就差这一两天吗？”医生不解地问。

“可是，我还有好多别的事情要做啊……”接着，老实的约瑟夫就掰着手指头，把今年他答应妻子、答应孩子的事儿一一数了一遍。

“你这样生活太累了。一个人就像一座房子，你不断往里面添家具，再大的房子也会被装满。到时候，你又要说：‘这房子怎么这么小啊？’房子里的家具不是越多越好，有几件必需的就足够了。对一个人来讲，世界上有那么多的事，你干得过来吗？我们总得挑着干。那些重要又紧急的最先干；那些重要不着急的可以缓一缓，有计划地安排着干；那些可干可不干的就不干。依我看，好好养病对你来说就是当务之急。不过，对你来说哪些事重要，哪些事不重要，还得你们夫妻俩自己商定。”医生说完，摇摇头走了出去。

听完医生的话，约瑟夫和珍妮四目相对，若有所思。沉思了一会儿，珍妮对约瑟夫说：“亲爱的，我觉得医生讲得很有道理。现在，你先把身体养好再说。买房子的问题，可以缓一缓嘛。”

“可是，今年给你买新车的钱也不够啊！”

“但医生说你再不好好休养就要得大病了。到时候，钱都进了医院，车还是买不了啊？”

“那怎么办呢？”约瑟夫急得直咳嗽，眼前一阵眩晕，赶紧扶着桌子坐回了床上。

看他这个样子，珍妮赶紧说：“我那辆车又不着急，其实干脆不买也行。我只是觉得别人都有，自己也想买一辆。现在仔细想想，平时用到的机会也不多。”

约瑟夫想了想又说：“可是我答应在尼可生日时送给他一架钢琴的。既然艾伦的孩子有一架，咱们也不能委屈了尼可啊！”

“没关系，先给他买个电子琴吧。我来说服他。”

听完妻子这些话，约瑟夫感动得说不出话来。没想到，珍妮还是很体贴他、心疼他的。

病愈回到家，约瑟夫和珍妮一起将未来的生活梳理了一遍。他们把原计划要做的大大小小的事情罗列在纸上，然后把今年必须做的事标红，把必须做但可以慢慢来的事标黄，再把那些没必要做的事打上叉。

不到两个小时，这项梳理工作就完成了。拿着这张花花绿绿的纸一看，夫妻俩惊讶得瞪大了眼睛：标红的事情不到十件，标黄的事情只有五件，剩下的好几十件竟都被打上了叉！原来，自己的生活中可以砍去这么多没有必要做的事情啊！

看着满纸的叉，约瑟夫顿时感到浑身放松，心里十分轻松、舒畅。

没了那么大压力，约瑟夫也不必再那么辛苦了。他辞掉了兼职，专心地投入到自己的本职工作中，工作效率有了很大提高。一年后，约瑟夫被提升为项目经理，薪酬也翻了几番。工作轻松了，赚钱多了，约瑟夫陪伴家人的休闲时光也多了。

几年后，约瑟夫一家搬进了宽敞明亮的新居，珍妮的新车有了着落，尼可的钢琴也买了，一家人还经常一起出去旅游……真是“踏破铁鞋无觅处，得来全不费工夫”啊！

看着约瑟夫的故事，我不禁心想：原来，当人生是一道减法的时候，生活是这么简单，快乐是这么简单。

人生悟语

人生，犹如一场旅行。有人喜欢做加法，出发前，把所有东西都装进行囊，结果不是把自己累得气喘吁吁，就是把自己累垮。

其实，人生的旅行很简单。如果懂得减法，当背上感到有压力时，能及时将那些不必要的东西卸下来，你就会发现，人生的旅途原来是这样轻松、愉快。

生命不设限

熬过冬日的寒风和霜雪，枯枝上便可长出一树的绿叶和鲜花。冰冷枯燥的死亡季节总会过去，只要活着，就会迎来春暖花开，迎来欣欣向荣；只要活着，便可迎来生命的无数种可能。

很少有人的命运会比海伦·凯勒还要不公。厄运降临时，她还是一个不到两岁的孩子，多么无辜，可她却要被迫生活在一个黑暗的无声世界中。这样的打击，与其说成是寒风和霜雪，不如说成是绝望的深渊。

可深渊，也会有希望。

海伦·凯勒用她独特的生命个体证明了这一点。她用顽强的毅力克服了精神上的痛苦，开始朝着阳光的方向奔去。她抚摸天空，抚摸云朵，抚摸清风，抚摸文字，抚摸自己的内心，抚摸别人的灵魂……

当她用双手抚遍了这个世界的时候，她意识到：原来，上帝是仁慈的，他不会将一个人置于死地，也不会把一个人所有的希望之窗都关上。

海伦·凯勒看不见、听不见，但她有一颗顽强又细腻的心，有两只灵巧的手。感知这个世界，不一定要用眼睛，也不一定要用耳朵。有时候，用心、用手感知到的世界，可以比眼睛看到的、耳朵听到的更真切、更广阔。海伦·凯勒正是用她的心和她的双手，使她的生命渐渐走出黑暗，走进阳光。她奇迹般地学会了说话，同时还掌握了英语、法语、德语、拉丁语和希腊语五门语言，成了一位学识渊博的作家、教育家。她把她的一生都献给了她爱的世界，献给了那些同样看不见光明的人，献给了生活在黑暗世界中的不幸的人。

海伦·凯勒变成了一个英雄、一个天使，她的光芒让全世界的人都受到了鼓励。很多人听说海伦·凯勒的故事后，惊叹道："这怎么可能？""是什么让她拥有了如此惊人的力量？"

是信念，对生活之火永不熄灭的信念。只要有信念，就会有希望；只要有希望，就会等到春天，感受温暖。就像一棵树，有时候，要挺过冬天、再次见到春的美好，并不需要它太强大，只需要它足够坚韧就可以了。

坚韧，是一种多么美好的品质。水滴石穿是因为水的坚韧，磨铁成针是因为磨针人的坚韧。坚韧，其实并不难，只要心中不放弃梦想，生命就可以不停地朝梦想的方向靠近。那些看似坎坷的道路，说不定就是一条捷径。

尼克·胡哲，这个澳大利亚的残疾人，曾感动并鼓舞过无数生活在痛苦中的人。

如果说一场疾病夺去了海伦·凯勒的视力和听力让她变得不幸，那么尼克·胡哲也许比她更不幸，因为他一出生就患了海豹肢症，天生没有四肢，只在左侧臀部以下的位置有一个带着两个脚指头的小脚。

尼克的父母都是基督徒，当他们看见自己的孩子竟是这副模样时，也不禁开始怀疑上帝。但他们并没有因此抛弃这个可怜的孩子，而是怀着痛苦和怜悯的心将尼克抚养大。

很多人埋怨生活太压抑、太痛苦，没有自由。那是因为他们不知道，这个世界上还有比他们更痛苦的人。对没有双手和双腿的尼克来讲，“自由”从来就是两个可望而不可即的字眼。离开照顾他的父母，他除了叫喊，别的什么都办不到，绝望的尼克曾三次自杀，试图了结自己可怜的生命。但痛苦让他早熟，10岁那一年，他突然意识到：“人，要为自己的快乐负责。”

这是一种生命的觉醒。从此，尼克的生活逐渐有了转机，追求快乐、追求无拘无束，成了支撑他顽强活下来的信念。这种信念让尼克充满了勇气，他尽量学会掌控他的小脚，用它们来滚、踢、推及支撑身体，并用它们来做更多的事情。

尼克勇敢地登上演讲台，跟别的孩子一起竞选学生会主席，虽然没有获得压倒性的胜利，却被封为“勇气主席”；他不顾风浪，大胆潜入海中，与海龟一起潜水、游泳；他出现在足球场上、高尔夫球场上；他游遍了全世界……

尼克超越了自己，他不仅让自己的生活过得多姿多彩，还用自己面对生活的乐观态度感动了无数人。他曾说过一句话：“我不需要成为正常人。”是啊，既然无法改变上帝赐予你的一切，为什么要勉为其难呢？一个真正智慧的人，往往不是一个反抗命运的人，而是一个接受残酷命运，从残酷中去发现美好、发现希望的人。

有时候，生命需要安静下来。当我们遭受病痛几欲失去生的勇气时，当我们跌入低谷比周围一切人都过得不幸时，请告诉自己：“不必害怕，不必惊慌，因为你还活着。活着就代表希望，代表有无数种可能。”

感情也好，事业也好，我们的生活不会一帆风顺。为什么有些人遭遇了一路坎坷与不幸，甚至被逼到了绝境，却依然还能绝处逢生？不是因为有天相助，只因他们都有一颗淡定自若的心。这颗心把他们从自怜中拯救出来，让他们充满信念，最终成为生命的强者。对一个人来讲，有一颗淡定自若的心，比拥有智慧和美貌更加重要。

一个人没有理想、没有远大的追求，就不可能在人生的路上走得太远；一个人如果不相信黎明的曙光，就熬不过漫漫长夜；一个人要是畏惧病魔，往往不等大病来袭，自己就先把自己吓倒了。

那些头脑灵活却表现平庸、遇到一点极小的挫折就从此一蹶不振、只得了一点不痛不痒的小病就呼天抢地的人，不是命运对他们不公，而是他们遇到挫折时无法淡定，无法正确地看待自己、看待生命。是他们自己，限制了自己的生命。这样的人，是多么可怜、多么可悲。

很多人都知道《老人与海》，也有许多人被故事中那个硬汉的形象感动过。殊不知，这样的硬汉无处不在。只要有坚定信念，且敢于行动，就是一个铮铮铁骨的硬汉。罗斯福坐在轮椅上当总统；克里斯多夫·李维坐在轮椅上当导演；史蒂芬·霍金在全身肌肉萎缩的情况下写出了《时间简史》。

路在脚下，更在心中；心随路转，心路常宽。

学会淡定自若地面对挫折，学会在遇到绝境时转弯，也是人生的智慧。因为挫折往往是转折，危机同时是转机。

人生如果以悲剧开始，你我可以让它以喜剧闭幕。

相信自己，相信命运，就一切皆有可能。

人生悟语

人生是没有限制的。当你开始抱怨，开始灰心丧气时，等待你的命运将会如你抱怨的那样，变得越来越糟糕。你的抱怨、怯懦、愤怒和绝望，就是你人生旅途中的障碍。

有信念，你不会失去什么，却可以让生活过得更好。

人生很忙，但不要忙着生气

在青海流传着这样一个故事，当地有一个叫爱地巴的人，每当他在和人发生争吵非常生气的时候，就会快速跑回家，绕着自己住的房子和土地跑三圈。爱地巴经过几年的辛勤劳作和努力奋斗，他的房子越来越大，土地也越来越多，但他仍然坚持在自己生气时绕房子和土地跑三圈的习惯。

周围的人对爱地巴的奇怪行为感到非常迷惑，即使再三追问，爱地巴也是摇摇头不愿意说明原因。一直到爱地巴成了一个年过古稀的老人，他拥有的房子和土地已经大到没有了边际。这时候他再也跑不动了，只能拄着拐杖艰难地慢慢走，等他好不容易绕着房子和土地走完三圈，天都黑了。

有一天，爱地巴的孙子走过来问道："阿公，您能不能告诉我为什么您一生气就要绕着房子和土地跑上三圈呢？"爱地巴经不起孙子再三恳求，终于说出埋藏在内心多年的秘密："在我年轻时，我就养成了这个习惯。只要一和人吵架生气，我就立刻回家绕着房子和土地跑三圈，边跑边想，我只有这么小的房子，这么少的土地，我哪有时间，哪有资格去跟别人生气？一想到这里，我的气就烟消云散了。所以，我把尽可能多的时间都用来努力工作，而不是浪费在生气这件事上。”

他的孙子听完后恍然大悟，但是又紧接着追问：“阿公，现在您已经老了，而且已经是周围地区中最富有的人了，可您为什么还要绕着房子和土地走三圈呢？”爱地巴笑着对孙子说：“人老了还是会生气啊，我在生气的时候绕着自己的房子和土地走三圈，边走边想，我的房子这么大，土地这么多，我还计较什么呢？如此一来，我心中的气就没了。”

爱地巴之所以成功，是因为他从不会像一般人那样把时间都浪费在无益的生气上。当别人正在为刚才的不愉快而闷闷不乐时，爱地巴已经挥舞着锄头在地里劳作；当别人火冒三丈大发雷霆时，也许爱地巴已经牵起了牛羊走向草地；当别人为了琐事怨天怨地时，可能爱地巴正忙着为自己的新房子整理木材……

事实告诉我们一个道理：当你把生气所产生的活力运用到有建设性的事情上时，生气可以发挥出乎意料的激励作用，迫使自己做出很多有价值的行动，这就是所谓的“化生气为争气”的道理。

一事无成但却忙于生气的人们是否应该反省一下自己，在生活中已经把多少宝贵的时间都浪费在生气上了？

有的人因为晚上做了一个不愉快的梦而生气，早上带着坏情绪出门，看什么都不顺眼。因为迁怒于人，还得罪了好几个同事，连锁反应之下，他的心情变得更差，更没有心情工作，整整一天都碌碌无为。如果他能及时调整自己不被生气的坏情绪所干扰，也许会因为出色地完成一个工作任务而受到老板的嘉奖；也许会因为对同事一次友好的帮助而得到他人的感激。

在一天的生活中，等着我们去做的事情多到排成了长队，可是我们却因为生气在原地打转，寸步未行。等到一天结束时，回想一下今天的劳动成果，却发现结果是零，因为我们一整天的时间都在忙着生气。

我们可以忙着谈恋爱，忙着陪父母吃饭，忙着给孩子讲故事，忙着为工作加班加点，唯独不能忙着生气。因为生气是对时间最大的浪费，人生在世不过短短的几十年，有太多有意义的事情值得我们去为之奋斗，为什么要让生气占用那么多的时间呢？

人生悟语

任何一个明智的人都不会将宝贵的时间花费在无意义的生气上，所以想要获得成功，就要学会把生气用在对自己有利的方面，让它得到有益的释放，化作一股推动我们不断进取的正面能量。在生活中我们要经常提醒自己：人生很短，没有时间生气。

从容的自持

生活的最高境界，莫过于随心所欲。

每个人若能遵照心里所想、自己喜欢的方式去生活，该是多么美好。可惜，人们总是顾虑太多，觉得这样不行，那样不妥——结果，人生如白驹过隙，倏然而逝，到时候再想做自己想做的事，已经来不及了。

日本有一个叫春水上行的年轻人，大学毕业后当了一名外科医生。这个行业报酬丰厚，收入稳定，为很多人所向往。可是春水上行却感到十分苦恼，因为，他并不喜欢当医生，他真正热爱的是写作。

放弃待遇优厚的工作去写作，是不是代价太大了？靠写作能维持生计吗？这样的代价和牺牲能换回相应的回报吗？自己快要30岁了，现在开始写作还来得及吗？

春水上行心里七上八下，犹豫不决。1960年的一天，他给当时闻名全球的摩西奶奶写了一封信，倾诉了自己的苦恼，希望得到她的指点。

摩西奶奶是20世纪初美国最著名、最多产的原始派画家之一。跟别的画家相比，摩西奶奶77岁才开始学画，80岁才成名，可谓大器晚成。在成名之前，她不过是一个靠刺绣为生的民间农妇，后来因为关节炎的缘故，不得已放弃了刺绣，转而投入到绘画之中。

去信不久，春水上行收到了一张摩西奶奶寄来的明信片，上面写着一行字："做你喜欢做的事，上帝会高兴地帮你打开成功之门，哪怕你现在已经80岁了。"

这句话深深地触动了这位年轻人的心。他下决心放弃了医生的职业，一心投入到文学创作中。这个年轻人，就是后来享誉世界的日本情爱小说大师——渡边淳一。

如果不相信自己，不坚持自己真正喜欢的东西，这个世界就会少了一个渡边淳一，少了《失乐园》等上百部优秀的文学著作。其实，一个人真正愿意做的那件事，才是他的天赋所

在。这天赋犹如深井里的泉水，只要你坚持不懈去挖掘，它就会回报你甘甜的清泉。

说到坚持自己，有一个人可谓达到了极致，她就是被称为美国最牛插画家的塔莎奶奶。

塔莎奶奶的全名是塔莎·杜朵，她曾两次获得有绘本奥斯卡之誉的“凯迪克大奖”，还是“女王终身成就奖”的获得者。她的插画弥漫着一种“早春夜晚般的柔弱之美”，那画中的世界是如此迷人，让无数绘本迷憧憬和向往。

可这样的生活，当真只存在于绘本中，只存在于幻想的童话中吗？很多人不知道，塔莎奶奶笔下那个迷人的世界，那片理想的伊甸园，就是她本人生活的地方。

蓝天白云下，一座19世纪的大庄园里，花草繁盛。一群鸡在草地上走来走去，低着脑袋啄食草籽和草叶上的小虫；几只奶牛被拴在树桩上，哞哞地叫着。庄园里十分安静，这里没有电，没有自来水，人迹罕至。一个老妇人穿着复古长裙、头上戴着碎花头巾，在院子里摘了一篮子草莓，安静地坐在树荫下做果酱……

一切都是那么原始，那么自然，就像一个虚构的童话世界，但这一切都是真实的。

塔莎奶奶就生活在这样一片虚幻的真实中：春耕、夏种、秋收；在散发着泥土气息的庄园里挑水、做饭、开辟菜园、摆弄花草；跟孩子们、木偶们一起设立“麻雀邮局”，互相写信；亲手制作肥皂、蜡烛和油灯，吃粗面包；每天纺线织布，为全家人裁做衣赏；冬季宁静的夜晚，坐在亮堂堂的火炉边作画。

这一幕幕闪过的瞬间，看起来多么美好，多么令人向往。但要真正生活在这样的世界里，就要学会忍受亲自劳作的艰辛，忍受古老生活的种种不便，忍受与世隔绝的寂寞，学会从容和淡然处世的心态，学会坚持与淡定。能像塔莎奶奶这样，孤独地在一个19世纪的庄园里生活一辈子，常人是做不到的。

然而，喧嚣寂灭，尘土落地，塔莎奶奶一生的执着和坚守，换来了心灵的净化，灵感的升华。

如今，塔莎奶奶已经成为一个象征理想的符号，很多人把塔莎奶奶的生活当成一种梦想去追求。殊不知，这种梦想离我们并不遥远。

每个人脚下都有一条通往梦想的路径，你要做的，是不要犹豫，大胆迈出第一步，然后勇往直前地走下去。

人生悟语

走自己喜欢的路，一辈子才会无怨无悔。把世俗名利和成败得失放一边，从现在起，走自己想走的路，做自己想做的事，学会从容，学会坚持自己，幸福就会来敲门。

秋日的守望者

人在做，天在看，每个人的付出都会得到相应的回报。我们不必急于求成，只需慢慢等待。那春日之花，必会结出丰硕的果实，等待你去采摘。

过去有一个叫宋的官，因为得罪了朝中权贵，遭到诬陷，被罢官还乡，心中十分郁闷。临走时，他的好友给他送了一篮颜色橙黄、散发着淡淡清香的果子，跟他说："以前总听你说爱吃这果子，如今就带上一些路上慢慢吃吧。只是不要丢了这果子里的核，挑出那些饱满的果核，拿回家去，埋在地里，一年两年就会出苗，八年或者十年后就可以在秋天结果了。"

宋感激地收下朋友的礼物。一路上吃了果子后，把果核都留了下来。回到家中，他按朋友说的办法，将数枚果核埋在一处潮湿又阳光充足的地方，还在果核四周围了一圈篱笆。宋每天都要去院子里浇水、施肥、拔草，希望种子会冲破坚硬的果核，钻出地表。

快到一年时，宋的心情一天比一天激动。常常早晨刚看了篱笆中还没有长出幼苗，中午又看，傍晚还看，甚至夜晚还要打着灯笼看。一天又一天，掐指一算，离他种下果核的那天已有一年零八个月了，怎么幼苗还没长出来？那时没有电话，宋没有办法问朋友究竟怎么回事儿，也不能翻开泥土看（万一幼苗还在土壤里，翻土时很容易被折断），只好耐心等着，还是每天坚持浇水、施肥，照料得十分周到。

又过了半个月，果苗还是没长出来。宋有些着急。

宋的儿子劝他："我看是没有希望了，不如放弃吧！"

宋却坚持再等等看，这一等，便是两年。第三年，宋发现篱笆内长出了几株十分独特的苗芽，心中十分欣喜。他小心翼翼地将它们移植在三处，依旧每天浇灌、施肥、驱虫，照料得十分仔细。到了第四年，幼苗茁壮成长起来，一时长得跟人一般高了。宋的心中十分喜悦，还是一丝不苟地呵护着这几株幼苗，就像爱护自己的孩子一般。

这样一年又一年，不觉过去了八年的光景。果苗已有数米之高，并开出鲜艳的花朵。这花朵比当地所有的花都漂亮，引来了一群群蜂蝶，在花间飞来飞去，热闹非凡。可是，连续好几年，这树都只开花，不结果。到了第十年，果树长得密密匝匝，枝繁叶茂，遮住了庭院的阳光。

宋的儿子说："都十年了，我看它是不会结果了，不如把它砍了吧！"宋却说："为什么要砍它？如果它结了果，当然更好。要是它真的不结果，用来赏花不也很好吗？"

这么说，是因为宋由此联想起自己的仕途。宦海浮沉20

年，他一心为国为民，对朝廷忠心耿耿，也为百姓做了不少好事，不想最后落了个遭谗言陷害被罢官的下场。一开始，他还觉得愤愤不平，如今想来，人生有时候不正像栽培一棵果树吗？为百姓做的好事如那果树的花和荫，虽然没结果，可还是给别人带来了益处。为官多年，只要问心无愧就可以胸怀坦荡，何必去追求升官加爵？这么想时，对树也好，对自己的人生也好，宋都看淡了许多。他不再想着结果的事情，只想一如既往地照看好它们，不辞辛苦，一年又一年为它们松土、浇水。只要果树能在夏季开出鲜艳的花朵，他就心满意足了。

几年后，宋的老友辞官还乡，去宋的故乡探望他。再见故人，一对好朋友十分高兴，手拉手相谈甚欢。聊天时，老友突然问起果树是否结了果的事儿。

宋想了想说："树上未结，心中先结了。"

是年秋，老友辞去。宋闲来无事，一个人在树下闲坐看书。忽然空中坠下一物，打在他的背上。俯首一看，竟是一只橙黄、透亮的熟果。

种瓜得瓜，种豆得豆。只是什么时候得，收成怎么样，还得看天气、看年份。你我可以把握的，就是专心致志地把瓜和豆种好，做到尽力而为，问心无愧就好。

有一个叫琳达的女孩，大学里学服装设计，硕士毕业后进了一家大企业。可是，不知道为什么，领导并没有把她放在设计部，而是把她放到了生产部。她觉得用人这样的事情，领导绝不可能糊涂搞错，兴许他是有意要让自己在生产部锻炼锻炼呢。这么想着，琳达就安心待在了生产部。

很快，一年过去了。琳达的工作做得很好，跟普通的缝纫工相比，她总能在一些细小处做足功夫。同样款式的衣服，从她手里出来的，要比别人做得漂亮精致许多。而且，她也经常指出现有款服饰在设计上的缺陷，并提出了很多切实可行的改进方案。年底时，琳达的工作得到了领导的认可，他说了一些夸赞琳达的话，却忘了把她调回设计部。一年来，琳达发现自己的设计水平要比现有的设计员高出许多，可她却没法施展自己的设计才华，待在生产车间，只拿不到他们三分之一的薪酬。对此，琳达并没有感到多委屈。

也许是自己的工作还不够出色吧，她这么想。接下来的工作还是做得一丝不苟。她一心一意只想把手头的工作做好，并不想别的事儿。很快又是一年过去了，琳达被评为了公司的杰出员工，可是领导依然没有把她调回设计部。

亲朋好友纷纷劝她，问她是不是没有搞好跟领导之间的关系，要不要趁圣诞节给领导送一些礼物，要不要换一家工作单位，等等。琳达都没有采用，她觉得，自己干工作并不是为了领导，她没有必要去刻意讨好领导。如果领导有眼光，他迟早会发现自己，提拔自己；如果领导没有眼光，她总有一天会离开这里，到时候损失最大的还是领导。

就这样又过了两年。由于琳达的卓越表现，公司里几乎没有人不知道她的大名，尽管她的职位不过是生产部的一名缝纫工。琳达觉得自己已经做得最好了，如果过了新年，领导还不给她调动工作，她就会选择离开。

就在这时，领导把琳达单独叫到了办公室，对她说：“这几年来委屈你了。这么多年来，我都会在所有应聘设计师的职员中挑出我最看好的一名，让他去生产部锻炼。这些人，有的干不到半年就走了，有的熬过了一年就要求调回设计部，有的答应在生产部待着，但要求五倍的薪酬……像你这样的，这么多年来还是第一个。你踏实、勤奋、用心，又不斤斤计较，我觉得你是个能挑大梁的人才。从明年起，我想让你当设计部总监，我相信你会胜任的。”

很多时候，人生就像一枚种子，要在泥土中孕育很久，才能破壳而出，长成幼苗；幼苗又要生长很久，才能长成参天大树；大树又要过很多年，才能开花结果。面对人生，我们不必着急。当一个秋日的守望者，耐心等候，等候生命中的果实。

人生悟语

有一句话叫“看谁笑到最后”。心中坦荡，每一分每一秒都认真生活、踏实生活的人，一路都在笑，最后获得的也是快乐；急于求成的人，过程中患得患失、忧患无常，到了最后也不见得能收获多么理想的结果。

梦醒了，又有什么

人生如梦，美人如斯。爱情可以轰轰烈烈，却从来没有海枯石烂。当你奔向那熊熊燃烧的爱情烈焰时，它最终给你的，也许只是一片冰冷的灰烬，一片永远无法释怀的悲伤。

卡地亚，这个全球顶级奢侈品品牌，被誉为“皇帝的珠宝商，珠宝商的皇帝”——很多英国王室佩戴的珠宝，甚至国王加冕时用的皇冠，都是向卡地亚订购的。然而，卡地亚珠宝王国的象征图腾，却是一只猎豹，它的设计灵感源自一个名叫珍妮·杜桑的女设计师。

在珠宝界，珍妮·杜桑这个名字几乎与卡地亚齐名，她不是卡地亚家族的人，为什么却独自执掌卡地亚艺术总监职位达50年之久？问起原因，除了她个人的设计天赋外，还不得不提起一则凄婉动人的爱情故事。

这个故事开始于1919年春天一个上流社会的聚会。那天，珠宝大亨约瑟夫·卡地亚出席了聚会，正好服装设计大师可可·香奈儿也在其中，她的身边跟着一位打扮靓丽、气质脱俗的年轻女孩。约瑟夫只是对她微微笑了一下，显出一副居高临下的神气，然后等候她为他献上一堆溢美之词。没想到这个年轻女孩一张口，对他说的第一句话竟是："约瑟夫先生，你们的珠宝什么时候能不再这么死气沉沉呢？"

一句话说得众人目瞪口呆，约瑟夫更是十分尴尬。聚会中，香奈儿告诉他，刚才那个顶撞她的女孩叫珍妮·杜桑，虽然不是专业设计师，却有着极高的设计天赋。于是约瑟夫随口说道："那就让她来参加卡地亚的珠宝大赛吧。要是她得了奖，我们可以直接录用她。"约瑟夫的初衷是想让珍妮在比赛中出丑，给她一个小小的教训。可比赛结果却让约瑟夫目瞪口呆：年仅24岁且没有经过设计学院专门训练的珍妮，居然夺得了此次比赛的桂冠！这让约瑟夫不得不对这个女孩刮目相看，正式聘用了她。

珍妮反对闭门造车，她崇尚大自然的美丽，希望在花卉和充满野性的动物世界寻找设计灵感。有一次，这个爱好冒险的女孩提出想去美洲丛林考察的申请，并说服约瑟夫也跟考察队一同前往。一伙人在美洲丛林里冒险，像一块海绵，充分吸收着大自然赐予的美感。有一天，别的人都在营地休息，珍妮和约瑟夫离开人群，打算去周边走一圈。途中，他们被草地上一种娇艳无比的兰草吸引住了，忍不住下车观赏。

这时，意想不到的事情发生了。就在约瑟夫沉浸在大自然的美景中时，一头潜伏在不远处的美洲豹悄悄向他靠近。幸亏珍妮发现这一险情，她放声大喊，让约瑟夫快跑。可这时，逃跑已经来不及了，约瑟夫急中生智，猛地扭头掉转相机，“咔嚓”一声按下快门。美洲豹被这个从未见过的家伙吓住了，愣了一下。说时迟，那时快，珍妮迅速脱下上衣，用打火机引燃后扔向了美洲豹。美洲豹被火焰吓得掉头就跑，约瑟夫和珍妮乘机赶紧上车，迅速离开了这个危险的地方。

这一场特殊的经历，在劫后余生的两人之间点起了爱火。珍妮和约瑟夫恋爱了，充满了原始粗犷和野性的美洲丛林成了他们无拘无束的爱情天堂。

回到巴黎后，珍妮从大自然巧夺天工的神奇中汲取了灵感，设计出一系列自然与高贵并存的珠宝，很快被抢购一空。1920年，年仅25岁的珍妮担任了卡地亚珠宝王国的设计总监，这犹如一枚重量级炸弹，在业内外引起了轰动。约瑟夫的弟弟雅克觉得哥哥做出这样的决定有些异常，他敏锐地感觉到珍妮和约瑟夫之间可能有问题，于是派人暗暗追踪调查，并将约瑟夫和珍妮的恋情告诉了自己的父亲。

约瑟夫的父亲是一个十分精明的商人，他知道珍妮有着不可多得的设计天赋，于是并没有急着将她赶出卡地亚，而是给了她两个选择：要么离开，要么留下来继续担任设计总监，但要跟约瑟夫之间划清界限。

珍妮留了下来，因为她不愿意与心爱之人分开。她对约瑟夫的爱情没有太多的要求，毕竟两人身份相差悬殊，年龄也差了二十多岁，更重要的是约瑟夫的婚姻本来就是商业联姻，一旦出问题，他将为此付出巨大的代价。珍妮只想留在约瑟夫身边，她觉得每天能见到他，这就足够了。

一晃十几年过去了。1936年，又是一个特殊的年份。那年冬天，英国国王爱德华八世退位了，原因是他爱上了一个离过两次婚的美国平民女子，但一个国王娶这样一个女人是不被允许的。为了爱情，爱德华八世主动放弃王位，成了温莎公爵。为了向心爱之人表达爱意，他给温莎夫人送了一款独特的珠宝礼物。这份礼物中最受温莎夫人喜爱的，就是一只猎豹造型的胸针。她对它爱不释手，无论去哪里都要佩戴这枚胸针。她哪里知道，这枚胸针正是出自卡地亚设计总监珍妮之手，它倾注了设计者多少的心血与感伤。

只是人各有命，相似的遭遇，温莎夫人的爱情走着走着遇见了阳光，珍妮的爱情走着走着，却奔向了死亡。

苦苦相爱了23年，苦苦等待了23年，23年后一个星光灿烂的夜晚，珍妮与约瑟夫相约塞纳河边。她准备向他做最后的告别，他却向她打开了一只红盒子，里面静静地躺着一枚精致的钻戒。原来，约瑟夫已经决定效仿温莎公爵，为心爱的人放弃一切。奔涌的眼泪如塞纳河水，将这个为爱情委屈了二十多年的痴情女子淹没。那天，约瑟夫和珍妮一同坐在珍妮的车上，开开心心地往回走，却在途中出了车祸。

珍妮痛苦地活了下来，约瑟夫却永远离开了。几个月后，约瑟夫的弟弟雅克也因酗酒过量，随哥哥而去。卡地亚家族唯一的继承人皮埃尔挑起了重担。皮埃尔留下了珍妮，希望她能完成约瑟夫未竟的事业。此后30年间，珍妮把全部精力都投入到工作中。在她的努力下，蒙上了阴影的卡地亚家族事业重新焕发了光彩。

1964年，病危的皮埃尔向珍妮说出了一个惊天的秘密——约瑟夫并非死于偶然。原来，是雅克和皮埃尔担心珍妮会毁了卡地亚家族的声誉和事业，于是故意在珍妮的车上动了手脚。他们本想杀死珍妮，却没想到害死了自己的哥哥。

那时的珍妮，作为最后的知情人，不知她会做何感想。也许，她什么也不再想了。美洲丛林、约瑟夫、车祸，50多年来在卡迪亚的日子，所有的荣耀和眼泪，斥责与悲伤，到头来不过是一场梦。是梦总会醒，醒来就什么都没有了，只要过好人生中的每一天，当这一刻来临时，就能淡然面对。

人生悟语

人生如梦，我们无法把握命运。有些人机关算尽太聪明，到头来却把自己绕了进去。有些人热烈追求，到头来依然是扑了一场空。做好自己，守住那些属于自己的东西，不要去奢求那些原本就得不到的，人生才无憾。

Part 02

走过风雨，静待花开

晴天的日子，对着阳光微笑，唱着歌前行。雨点来了，避一避，歇歇脚，停不下来的人生岂不太累？即使走入生命的暗夜，你抬头看看，天空依然还有星光。

02

骑独轮车的盲人调琴师

人生漫漫，谁不会在生命中遇到一两件不如意的事？有时，摆在面前的甚至是一道永远无法跨过的坎，或者一个无法避免的灾难。很多人在面临这样的不幸与困难时，会懊恼地埋怨命运，灰心丧气地消极应对。

其实，缺陷和不幸，有时候也是一种美，一次人生的转机。只是很多人无视了它，所以，这种美才变得黯淡了，转机也被白白错过了。

她叫燕，是一个不幸的女孩，因为患有先天性白内障，三个月大就被父母遗弃了，是善良的姥姥收养了她，用爱心把她抚养成人。燕的世界虽然是黑暗的，可是她的心却始终渴望着光明。在她的世界里，光明就是山谷间的风声，就是森林里的鸟鸣，就是小溪流的叮咚作响，就是夏夜，姥姥坐在葡萄树下讲故事时温和的声音。

燕爱上了这个耳边的世界，爱上了大自然中所有美妙的声音，当然也包括音乐。小小的燕学了很多乐器，并在学有所成后逐渐走上了调琴的道路——她，成了一位盲人调琴师。

在盲校学习调琴时，燕不知道吃了多少苦头。锤子砸在手背上了，螺丝刀扎到手上了，抱木头时又伤到手了……这样的事情经常发生。每逢这个时候，燕的心里就很难过，如果她是一个视力正常的女孩，就不会吃这么多苦了。好在这样的情绪很快就过去了，燕对自己微笑一下，鼓励自己："既然别人能学会，我也能，不过是多失败几次罢了。"

一晃五年过去了，燕终于对钢琴上的八千多个零件了如指掌。一架钢琴放在她面前，她仿佛能看到它，还能透视它。燕想，有了这样的本领，找一份调琴的工作应该不会太难吧？

可是，她错了。当她告诉琴行的负责人，她是一位盲人调琴师，想找一份调琴的工作时，对方哈哈大笑说："盲人调琴师？盲人也能调琴？"燕没有放弃，而是挨家挨户，不断去寻找。她想，总有人会相信她的。

在燕的努力下，终于有一家大琴行决定录用她。燕高兴极了，她马上买了一份地图，摸索着走遍了整个城市的大街小巷，以便日后去客户家时能够不迷路。每次有客户打来电话，让她去调琴时，燕的心情总是很激动。无论刮风下雨，还是烈日当头，她都会马上赶过去，绝不迟疑。可是，客户对眼前这位不起眼的盲人调琴师却不那么信任，他们常常会无端怀疑和谴责她的技术。有一次，一位客户要求燕给一架十年未修的钢琴调律。燕摸索着赶到客户家，仔细为钢琴做起检测。由于这架钢琴已经年久失修，检测需要花费较长的时间。等在一旁的客户有些不耐烦了，毫不客气地指责道："说什么盲人调琴师，我看你的技术根本不行，不过是个混饭吃的骗子罢了！"

听了客户的指责，燕的心里委屈极了。她知道，弹钢琴的人，其实有很多并不懂琴。她如此煞费苦心，认真为客户的钢琴做全面检测，却无法得到客户的理解；而业内一些不负责任的调琴师，表面上装得十分高深，实际上草草了事、花几分钟就把钢琴调好了，反而会让客户们感到高兴。

燕测试完钢琴，又把它十分仔细地调了一遍。心中充满怨气的客户不高兴地坐到钢琴前，一弹，脸上顿时露出羞愧的神色。听着纯正的琴声，他终于明白眼前这个被他看不起的、骂作"骗子"的人，才是个真正的高手，一个值得尊敬的人。

燕从不因旁人的夸赞而扬扬得意，也不因别人的谴责和误解而心生怒气。燕相信，就算现在还有很多人不相信她，不愿意接受一个盲人为他们调琴，他们迟早有一天会相信她、接受她的。果然，许多年后，燕的名声在城市中渐渐传开，人们纷纷打来电话请燕帮他们去调琴。业务多了，燕开了一家调琴公司，公司里的职员都是跟她一样的盲人。

一个记者采访燕："现在你有了自己的家庭，生活也稳定了，还有了自己的公司。为什么还要每天出去调琴呢？"

燕微微一笑说："我从来不赚员工的钱。我开公司不是为了剥削他们，而是为了帮助他们。公司只是一个平台，他们每个人得靠自己的双手从客户那里获取报酬。我也一样，我只是一个组织者。如果不出去调琴，我就没有收入了。"

燕对生活充满了热爱，调琴只是她生活的一部分。除了调琴，她的生活可以说是多姿多彩：练跆拳道、滑旱冰、开卡丁车、游泳……她还成了第一个会骑独轮车的盲人。当燕买了一辆独轮车，在林荫道练习时，旁人发出阵阵嘲讽：

“真是自不量力，看不见还骑独轮车！”

“你瞧，她骑独轮车的姿势多可笑啊！”

“真是太笨了，就跟一只狗熊差不多。”

对此，燕并不理会，别人说别人的，她自己骑自己的，她不想因为别人的嘲讽而放弃自己。命运对燕来讲，是很不公的。它剥夺了她看到光明的权利，继而又让她失去了父母的疼爱。姥姥去世后，她好不容易凭借自己的努力拥有了爱人，拥有了事业，却又不幸患上了重病。可燕没有放弃，她说，不管人生的道路有多坎坷，有多艰辛，她都要笑对人生。

人生悟语

会遇见晴天还是雨天，并不是我们可以选择的。人生的幸与不幸皆是如此。也许，有些人生来就能见到蓝天、红日、白云，有些人却注定要生活在乌云滚滚的阴天。无论天晴还是下雨，我们都必须活下去，一步一个脚印，向着心中的美好奔去。

人生的雨季

英国是个多雨的国度，天空总是一片阴沉，有时连续数十日都见不到太阳。连绵小雨纷纷扬扬，湿透了土地，湿透了屋顶，湿透了衣衫，连人们的心也潮湿了，闷闷的，好像要发霉。这样的日子难以打发。我们的生活，有时也会遭遇这样的雨季。

露西的雨季开始于失恋。因为失恋，她独自一人在小酒吧喝得酩酊大醉。深夜，她摇摇晃晃地走上街头，一阵紧急刹车声在她耳畔响起……她醒来时，已经躺在了医院的白床单上，下巴上绑着绷带。

一个年轻医

生告诉她，他没有别的办法，为了保住她的性命，只好给她截肢了。

听到这个消息，她又晕了过去。等她再次醒来时，她的意识清醒了一点，白发苍苍的父母守在她的身边垂泪。她睁开眼，呆呆地望着天花板，脑子一片空白。

半个月后，她回家了，装着假肢。年迈的父亲背着她上楼，累得气喘吁吁。她说："爸爸，你把我从楼上扔下去吧，我活够了。"

"露西，你这个疯孩子！你的两个姐姐都不在我们身边，我们就只有你一个孩子了……"她妈妈一边说，一边难过地哭起来。

露西不忍心再让父母伤心，只好乖乖地躺在床上。可是，她的心灰暗极了，她要求妈妈把窗帘拉上，因为她不愿意见到阳光，不愿意看见街上那些快乐幸福的人们。她几乎怀着"不得不"的心情，吃着妈妈精心准备的糕点。吃着吃着，就会停下来，流一阵眼泪。

要知道，露西从小是个淘气的孩子，以前她总是不肯乖乖地吃糕点，喜欢把饼干扔得高高的，然后再跳起来用嘴接住它。每当她这样做的时候，她的伊丽莎白——一只雪白而美丽的小狗，会屁颠屁颠地跑到她跟前，跳得老高，跟她一同抢食物。不过，伊丽莎白总是失望，因为它的主人太敏捷了，跳起来吃饼干时从来不会落空。

可是，现在的露西，连上厕所都需要妈妈帮忙。为了减少妈妈的麻烦，她尽量减少上厕所的次数。可她这样做，常常让妈妈很难过。

“难道你要把妈妈当外人吗，露西？难道你已经不像小时候那样爱妈妈了吗？”

听到这样的话，露西难过极了。

每天，露西躺在床上，看妈妈系着围裙在厨房里跑来跑去，时而大声喊：“露西，再等等，你爱吃的烤鱼快要做好了。”时而又小声嘀咕：“哎呀，火，忘了关火了。”时而又叫起来：“哦，糟糕，忘了烤箱里的面包了。”……

她知道，爸爸、妈妈的确是老了。难道，她要让他们担心一辈子、照顾一辈子吗？如果不是自己任性，也不至于搞成这样。露西很后悔，她知道一切都是自己的错，但不管怎样，自己的错总不能让年迈的父母来承担，她要学会自己承担一切后果。

一天，露西忽然跟爸爸说：“爸爸，您可以拉一下窗帘吗？”

爸爸从电视机前走到窗边，拉了拉窗帘：“这样行吗？露西？”爸爸是个台球迷，不过，自从露西出事后，他就一直守在家里陪她，连老朋友的聚会也不去参加了。

“不是把窗帘拉拢，爸爸。把窗帘拉开吧，我想见见太阳。”

爸爸有些吃惊，随即露出了微笑：“这就对了，孩子，英国的阳光本来就很难得。”他说完，把窗帘拉得大大的，还把窗户打开了。温暖的阳光顿时从窗外倾泻进来，像一只巨大的手，抚摩在露西的脸上。她从来没有觉得被阳光抚摩竟是这么舒服。

她把自己的腿挪到床边，想要下床走走。可是，由于她不听医生的话，回家后不愿意积极训练自己的双腿，刚想站起来就摔在地上。

爸爸把露西扶到轮椅上。

“难道我永远站不起来了吗，爸爸？我不想一辈子坐轮椅。”露西难过地说。

爸爸叹了一口气，抹了抹眼角，大声说：“别担心，你会站起来的。要不了多久，你还可以跳舞哩！”

爸爸的话说得露西心里暖暖的。她坐在轮椅上，晒着太阳，心想：“会好的，一切都会好起来的。”

从那天开始，露西每天都要练习双腿。一开始摔了不少跤，吃了不少苦，最终，她可以行走了，不用爸爸妈妈搀扶，也不扶拐杖。尽管走得很慢，左右摇晃，但对露西来讲，这已经很不简单了，她原以为她要一辈子躺在床上度过余生了。

露西原本是一家美容公司公关部的业务员，由于双腿的缘故，她不可能回到原单位上班了。可是，生活还得继续，她不能一辈子靠父母养活。于是，露西开始积极寻找工作，希望有朋友可以帮助到她。正好，她有一个朋友开着一家服装设计公司，她告诉露西，如果露西愿意，她们可以合作开一家网店。露西高兴地答应了。

一家品牌专卖网店开张了，露西主要负责网站的内部管理，需要在外面跑动的工作，都由她的朋友来完成。

生活总是这样充满希望，露西心头的乌云一点点散开，阳光照进她的生活。露西干得十分起劲，她一工作起来就没完没了，恨不得把自己浸泡在工作中，可以忘掉痛苦的一切。

几个月后，网店开始赢利，露西也有了收入。当她拿到第一笔属于自己的红利时，内心无比激动。

“生活还可以变得更好吗？”她这样想。

对于一个二十几岁的女孩来说，恋爱无疑是很重要的。学会行走和开了网店后，露西表面上装得无忧无虑，好像又找回了从前的快乐，可她的心里却一直很悲伤。为了他，她失去了美丽的双腿，虽然可以勉强行走，可再也不能跳舞了。有哪个男孩子会爱上一个装着假肢、走路一跛一跛、不会跳舞的女孩呢？

一年后，露西的朋友为了庆祝网上服装店的生意兴隆，决定在家举行一个欢庆会。那天，露西特意穿了一条美丽的天鹅绒蓝裙，这条裙子很长很长，一直拖到地上。聚会时，露西多数时间坐在沙发上，尽量让自己少走动。

一会儿，音乐响起来，前来参加派对的男男女女纷纷随着音乐，跳起了舞。有好几个长相英俊的年轻人想邀露西跳舞，都被她婉言谢绝了。其实，她多么想跳舞，多么想拉起他们的手，重新找回恋爱的感觉，重新找回青春的快乐，可她再也不能了。

看着那些在舞池中热舞、身姿曼妙的身影，露西有些难过。她趁别人不注意，一个人来到屋外。一阵凉风吹过，撩起她金色的长发。露西扭过头、仰起脸，看着天空的星星，尽量不让眼泪流下来。

就在这时，她看见二楼的阳台上，站着一个相貌英俊、文质彬彬的年轻人，很眼熟，好像以前在哪儿见过，他也正在低头看她。她赶紧低下头，想装作没看见；他却朝她打了声招呼，并很快来到了她的身边。

“为什么一个漂亮的女孩不去跳舞，要一个人站在这里呢？不开心吗？”他温柔地问。

“没有不开心。我很好。”露西勉强露出了笑容。

“你的腿好了吗？”对方突然这样发问，让露西觉得十分尴尬。难道他知道她截肢的事儿？露西羞得满脸通红，转过脸不说话。

“我没有冒犯的意思……”对方意识到自己说错了话，赶紧纠正说，“刚才我站在阳台上，看你从屋里走出来。我看你走路的样子……对不起，你是不是腿崴了？要不要我帮你看看。”

“不用。我的腿你看不好，谁也看不好！”露西突然生气了，眼泪再也忍不住，流了下来。

“也许我能看好……我是个外科医生……”年轻人十分诚恳地说。

露西惊讶地瞪大了眼睛。现在她想起来了，眼前这个年轻人，就是给她动手术的外科医生。而这时，医生也认出了露西。

“原来是你？”医生紧张地说。

“对，是我。这下你知道了吧，没有人可以治好我的腿！我再也跳不了舞了，就算能走路也是歪歪斜斜的，很难看！”想到漂亮的长裙也无法掩盖自己走路时不雅的姿势，露西感到十分痛苦。

“不，你很美，露西！而且，你也可以跟别人一样跳舞。”医生温柔地拉过露西的手，让她抱着自己的腰，同时让她的双脚踩在他的脚背上……就这样，随着音乐，两个人在屋外跳起了舞。

露西的双臂紧紧地抱着医生，她觉得他的胸膛内藏着一个火热的太阳，驱走了她心里最后一片乌云。她悄悄地把头埋在医生的肩上，露出了幸福的微笑。

人生悟语

人生总会遇到雨季。但雨季到来时，请不要哭泣，因为雨季过了，又会遇见阳光。

耐心等待惊喜

我有一个爱好文学的朋友顾白，毕业后和男友到北京闯荡，一开始没有找到满意的工作，天天忙得天昏地暗，却还要遭到老板的斥责，收入又十分微薄。

顾白和男友住在一间租来的小房子里，每天省吃俭用，收入却仅够支付房租和最起码的日常开销。不久，顾白所在的企业破产了，她不幸失业在家，原本就困难的生活更是雪上加霜。

顾白是个内向的女孩，虽然很善良、踏实，干工作也很认真，但和她专业对口的工作并不多，加上她又不太会说话，见了陌生人就发怵，要找到一个理想的工作对她来讲很难。

顾白也知道找工作没必要这么紧张，可一到面试现场，一见到面试官她就脸红心跳，说话也变得语无伦次、结结巴巴，那样的面试自然很糟糕。

很快，半个月过去了，顾白顶着烈日跑了不少公司，面试完回到家，她就整天守着手机和邮箱，等着有人通知她去上班的好消息。结果却是时间一天天过去，徒留她一个人对着手机和邮箱发呆、哀叹。

失业的头一个月，顾白焦虑得夜夜失眠，人也憔悴了许多。一日，几个心疼她的好友把她约出来，鼓励她："你为什么非要挑战自己不擅长的呢？既然那么多次面试都失败了，又没有专业对口的工作，为什么不做些别的呢？你不是喜欢写东西吗？没准这是一条路子呢。"

顾白原本就爱好文学，看了不少书，文字功底也不错。起初，她对自己没有信心，但后来一想，与其闲着干着急，还不如静下心来写点东西，说不准能成呢。这么一想，顾白就渐渐静下了心，抱着试试看的心态动起了笔。

动荡不定的北漂生活让顾白对人生有了更深切的体会与另一种理解。从毕业到现在，一幕幕情景浮现在她的脑海中，她以自己为原型，结合自己的所思所想，一点一滴，用文字缀连成一个华美的外衣世界，又用思想把这些外衣解开，露出赤裸裸的生活的原形。

不知不觉三个月过去了。这三个月，顾白每天不到5点就起床，先花两个小时在网上投简历，然后一心扑在写作中，在电脑前一坐就是深夜两三点。

面试和写作，成了顾白那三个月全部生活的缩影。这三个月对顾白来说，是无望的三个月，因为她天天盼着面试的机会，天天盼着被录用的通知，可一天又一天，她的愿望都落空了；这三个月，又是极端艰苦的三个月，因为收入少，自己又没有工作，顾白整天连饭都舍不得吃，实在饿得忍不住了，她才咬一口饼干充饥。夏日炎炎，她在几平方米的小房间里忍受着强烈的阳光，还要与满屋子乱跑的蟑螂做斗争。

三个月后，顾白的小说写成了。她一边找工作，一边在网上四处投稿。很快，又是一个月过去了，无论是投出去的简历还是投出去的稿件，都杳无音讯。顾白的心灰暗到极点，她对生活的最后一点信心也要熄灭了。

就在这个时候，一个陌生的电话打过来。“喂，您好，请问是顾白女士吗？我是出版社的编辑……”

那个编辑说，他看了顾白的作品，觉得很满意，希望能跟她谈一谈接下来的合作事宜。顾白激动得闪出了泪花。

这部小说开启了顾白的写作之路，后来，她陆续写出了三部小说，虽没有成为超级畅销书，但拥有了自己的固定读者群。在小说的写作及发表过程中，顾白跟那个编辑的接触越来越多，编辑发现顾白虽然不善言谈，但非常善良真诚，做事踏实可靠。后来，编辑还推荐顾白到那个出版社工作。

现在，顾白可以一边工作一边创作，在编辑与作家的角色中自由转换，对她来说，不管是编辑工作还是创作小说，都不再是被迫谋生的手段，而是自己喜爱的事情，她的生活变得游刃有余而又充满乐趣。

原来，当你以为生活已经没有一线希望的时候，上天也许会突然馈赠给你一个巨大的礼物。人的命运有时候就是这样，什么时候会失去什么，什么时候又会突然得到什么，谁能料定呢？

莎士比亚年轻时曾得罪了当地一个大财主，为避免遭受报复，他逃亡到伦敦。对一个人来说，被迫携妻带子离开故乡是不幸的；可对莎士比亚而言，逃亡却给他带来了人生的转机。当时，剧团正像一把大火烧遍了整个伦敦，莎士比亚有幸与戏剧结缘，他的才华也由此找到了用武之地，像一朵毫无约束的花朵，尽情舒张花瓣、灿烂绽放。

凡·高在一次精神病发作时痛苦地割掉了自己的耳朵，可他精神上的痛苦，何尝不是他对生活过于热忱所致。凡·高在谈到他的创作时曾说："为了它，我拿自己的生命去冒险；由于它，我的理智有一半崩溃了，不过这都没关系……"

凡·高的生命因为艺术而过早地熄灭了，但他那热烈渴求自由、对生活近乎疯狂的热忱与爱的精神，却永远地留在那燃烧的"向日葵"中，那旋转的星空间，它们化成了永恒的星星，化成了永恒的生命符号。

陀思妥耶夫斯基是19世纪俄国文坛上的一颗巨星。曾有人这样评价陀思妥耶夫斯基与他的作品："陀思妥耶夫斯基一生执着于研讨人与上帝的关系，经常摆荡于天堂与地狱之间，穿梭于神性与魔性的两极，直到他年届六十，终于写下《卡拉马佐夫兄弟》，在人类精神领域中竖立了一座高峰。"

陀思妥耶夫斯基醉心于病态的心理描写，读者在阅读《罪与罚》等作品时，经常被不知不觉带入一种反复无常、矛盾重重、纷繁复杂、几乎昏迷与疯狂的精神世界中。他是心理叙事的先驱和导师，对福克纳、加缪、卡夫卡、黑泽明、弗洛伊德等人产生了深远的影响。

当人们站在远处仰望他的成就时，有几个人知道这位伟大的作家，竟然是一位癫痫病人。从9岁开始，这种痛苦的病症就一直折磨着他，伴随了他的一生。癫痫病的折磨让他备受身体和精神上的痛苦，但也让他有机会对这种病态的生活有了深刻的体会。陀思妥耶夫斯基正是从一个病人的角度，看到了一个病态的、正好与癫痫病有着某种默契的时代特征，于是写出了伟大的作品。

没有人拥有完全的幸福，也没有人永远不幸。面对生活中的种种不幸，我们要做的，不过是顺从与接受罢了。每个人都有自己的命运，失去还是获得，命运自有评判。

人生悟语

“祸兮福之所倚，福兮祸之所伏。”我们无法把握命运，却可以在不幸时学会乐观地去面对。天生我材必有用，不必着急，耐心等待，积极争取，该得到的你总会得到。

生活有裂缝，阳光才能照进来

每个人都像是生长在广袤无垠的草地上的一棵小草，需要阳光的照射，需要雨露的浇灌，需要轻风的抚摸，需要鲜花的点缀，需要小鸟的鸣叫，需要白云的陪伴……我们需要的太多，但是谁都不会想到，我们的生活还需要裂缝。

什么是生活的裂缝？我们中的大部分人生活在固定的生活模式里面，面对这样的模式，也许我们过得很麻木，没有明晰的情感感受，更多的是一种没有感觉的感觉，唯一清晰的可能是我们还要继续这样固定的生活。

平淡无奇的日子过久了，我们就像温水里的青蛙，对这样的生活逐渐适应了，习惯了。如果有一天我们的生活出现了一点意外，我们会感觉世界变得黑暗无比，生活失去了该有的方向，人生进入一个庞大的被浓雾笼罩的港湾，我们开始慌乱，开始狂躁，开始对命运生气，开始对自己生气。抱怨命运的不公，感叹生命的多舛。其实这只是生活裂开的一个口子，它是生活的缝隙，我们需要这样的缝隙，透过缝隙，我们才能呼吸，阳光才能照进来。

印度有这样一个寓言：一个挑水工有两个用来挑水的瓦罐，一个瓦罐完好无损，另外一个瓦罐，有一次被挑水工不小心摔在地上，摔出一个小小的裂缝。与那只完好的瓦罐相比，有了裂缝的瓦罐时常唉声叹气，因为完好的瓦罐总能把远处小溪里的水全部运回主人家里，而有裂缝的瓦罐只能运回半罐，这让后者很自卑和惭愧。

挑水工温和地对那只有裂缝的瓦罐说："我希望你把注意力放到路边的那些美丽的花上，在你的这一边我种下了花种，每次我们挑水回来的路上，你就顺路浇灌了种在路边的花种，一段日子以后，我们就能看到鲜花开满道旁了！"正是因为有了缝隙，这只有缝隙的瓦罐，在过着自己以前日子的同时，还浇灌了路边的鲜花，让这个缝隙有了花的芬芳。努力把自己的生活灌满，这没有什么不好，但是挫折、困难、失败，就是我们生活的缝隙，这些缝隙可以给我们的生活带来一点湿润，给我们的生活增添一点别样的芬芳。

生活中不如意的事情实在太多，让我们应接不暇。比如失业、受伤、生病、婚姻亮红灯等。但是或许换一份工作，我们会找到更适合自己的职业；受一点伤，我们会在面对危险事情的时候变得谨慎起来；生一次病，会让我们发现自己身体潜在的危机，及时救治从而变得更健康；婚姻的不和谐，可以让我们好好地审视一番自己面对生活、面对亲人的态度。

电视剧《裸婚时代》的热播，让我们看到了生活的本来面目，童佳倩与刘易阳的爱情经不起生活的质问和考验，婚姻走到危机四伏的境地，他们离婚了！走到了分岔路口，面对着熟悉而又陌生的彼此，他们泪流满面！这是他们的生活出现的一个大口子，给他们带来了撕心裂肺的疼痛！离婚以后他们各自从离婚的伤痛之中走出来，迎来了全新的生活，给各自的生活找到了最好的出口。

没有了争吵，没有了喋喋不休，没有了不可调和的矛盾，他们换了一张面孔面对世界，阳光慢慢地洒进了他们的生活！最后刘易阳在犹豫和矛盾之中决定找回另一半的自己——那个他曾经要爱一生一世的童佳倩！“月有阴晴圆缺，人有悲欢离合，此事古难全。”面对生活中的诸多不如意，我们要以平常心来面对，把困难当成生活中一个难以避免的裂缝和缺口，在不完满中寻求生命的真谛。

人生悟语

生活的每一面都会在我们意想不到的时候给我们一个“惊喜”，让我们措手不及，难以招架！但是面对这一切，不要着急，不要心慌，随时保持微笑，因为那只是生活的裂缝，有了这些裂缝，阳光才能照进我们密不透风的生活！

美与风雨兼程

在19世纪群星璀璨的艺术画廊中，一幅《两个塔希提妇女》让人眼前一亮。斑驳的树荫有着梦幻的色彩，两个年轻的女子半裸着健美的身体，眼神中透出一种平淡和宁静。在喧嚣的城市，谁还能寻见这样一种灵魂的无羁和自由?

唯有在远离文明的地方，才有着最原始的生命和最朴素的情感。《两个塔希提妇女》就是在一个远离文明的环境中创作出来的，而它的作者，正是一生充满了神秘与传奇色彩的印象派大师——高更。

高更出生在法国一个贫困的家庭，他当过海员，参过军，23岁当上了股票经纪人，收入颇丰。那时的高更，年轻、富有，还有一个幸福的家庭，身边有漂亮的妻子和可爱的女儿做伴。

高更完全可以这样一直生活下去，家庭幸福，收入稳定，何乐而不为呢？只是如果这样，这个世界就少了一个印象派大师，少了一个美丽动人的传说。

高更爱他的妻子和孩子，可他无法抵挡命运的召唤。高更选择了相信命运的指引。35岁那年，他毅然辞去了银行的职务，专心学习绘画。几年后，为了更好、更专注地投入到绘画世界中，他索性离开妻儿，过起了孤独的生活。

巴黎的天空，已经无法满足他的创作愿望，钢筋水泥建筑、冒着浓烟的烟囱、轰鸣作响的机器，只能带给他精神上的压抑与痛苦。高更十分清楚自己的理想在何处，他要远离繁荣的城市，远离人类文明，一个人去远方，去寻求那处自然与原始并存的所在。

高更曾说过："文明使我痛苦，野蛮使我返老还童。"他乐意过野人一般的生活。

高更义无反顾地投入到原始丛林的怀抱中。那些像珍珠一样散布在蓝色大海中的岛屿，是上帝馈赠给人类的极其珍贵的礼物。在这里，大自然对人类是如此的慷慨，茂盛的植物、永远蔚蓝的天空、简朴的生活，一切山石草木虫鱼人兽，都流露出它最本真、最淳朴的灵魂。绚丽、明快的色彩，让迷人的风景充满了野性和生命力。

还有什么，能比拥有这样的美景更让人赏心悦目呢？

高更爱上了这样的地方，巴拿马岛、塔希提岛，让他流连忘返。岛上的生活有时也会困难重重，甚至充满凶险，如何避免陷入部落之争，如何向当地土著表明自己的友好与诚意，不至于被当作俘虏抓起来，如何在岛上获得食物、治疗疾病等，都是需要解决的问题。不过，高更都做到了。

他那些色彩明快、线条粗犷的塔希提画作，就像一本厚厚的故事书，款款讲述着这个传奇画家神秘而浪漫的经历。

高更和岛上的塔希提土著成了朋友，他搭乘着土著渔民的独木舟，跟他们一起出海捕捞金枪鱼；他拿着斧头上山砍木头，悠闲地晒着金色的太阳，做着木雕；他还在塔希提岛上与塔希提少女瓦依奈相爱了，他们温馨地生活在一起……这一切，都是多么的美好。

谁说原始的生活便是不幸？谁说原始的生活就是野蛮？充斥着钢筋水泥的大都市，哪里还能找到这样的闲适？生活在现代文明笼罩下的人们，大多数活在虚荣和攀比中，活在忙碌和焦虑中。他们早已经忘了生活的本意，他们早已丧失鉴别美的能力。

几年后，高更因为一些事由回到了法国。塔希提岛上金色的日光，给高更镀上了一层原始而别样的色彩，他精力充沛，既带着尊贵与高傲的气息，又有着一种粗鲁与野蛮的个性。他的绘画，也有着跟主人相似的特质，大胆、抽象、超脱自然、明快、简约。

只可惜，这些新颖、神秘与野蛮并存的绘画，却遭到巴黎文明人的嘲弄，他们不欣赏生命中这些最原始、最本真的美。画展的彻底失败，物质上的零收入，评论界的揶揄和嘲弄，让高更十分痛苦。

可是，历史不正是这样吗？那些随波逐流的、庸俗的东西，往往很容易就得到大众的认可和理解，它们也许永远成不了经典，可它们却换得了实实在在的利益和好处。而天才，总是孤独的，因为他过于超前的精神和过于超凡脱俗的生活，总是不被人理解的。

也许，精神上的痛苦和孤寂，就是一个人成就天才伟业的代价吧。对于这一点，高更深有感触。他曾对他的女儿说："大众总想用一天甚至一分钟，去理解和学会艺术家花费数年时间学来的东西。"话语中流露出的感情，是多么无可奈何，多么孤独。

高更觉得自己的艺术才华和绘画作品，就跟塔希提岛的美景一样，它的美与众不同，而且毋庸置疑，可那些自诩文明的人竟然看不上它们。精神上的孤寂、贫病交加、丧女之痛，让高更做出了愤怒的反抗。他跑到深山里，吃下了毒果，企图自杀，但被人发现救起。

而后，高更突然产生了强烈的创作欲。那生与死之间的梦幻般的经历，让他看到了一幅画，他变得空前狂热，夜以继日地工作了整整一个月的时间，终于把梦幻中的景象搬上了画板。

一个初生的婴儿，一个摘水果的青年，一个行将就木的老妪，在原始而神秘的背景衬托下，勾勒出生命由生到死、生生死死的循环与轮回。

绘画中，那流动的色彩究竟蕴含了什么？寄托了什么？也许，它凝结了画家全部的生命与才华；也许，它是给世人的一封神秘书信；也许，它是画家一辈子都在苦苦追求与思考的核心。

高更给这幅画取了一个名字：我们从哪里来？我们是谁？我们往哪里去？尔后，高更移居马尔萨克群岛，在那里度过了生命中最后的岁月。

高更是幸福的，因为他找到了自己想去的地方。可我们呢？我们从哪里来？我们是谁？我们往哪里去？这是一个永恒的问题，也许原本就没有答案。如果真要回答，也许只好说，每个人正是从来处来、往去处去，每个人的足迹，勾勒出了他不同的生命轨迹。足迹所向之处，一路上，往往美与风雨同在。

人生悟语

有一种心情，叫“痛，并快乐着”。没有风雨，就没有彩虹；不忍受孤寂与痛楚，就无法成就非凡的人生。

人生原本就是一场经历，何必让种种顾虑妨碍自己的脚步。只有披荆斩棘、忍受孤独，走跟别人不一样的路，才能开辟出新天地，才能看到最美的风景。

若是牢笼，那就放弃

没有规矩，不成方圆，每个人都有自己处世的原则。没有原则，做事就会随波逐流，就会唯唯诺诺。可是，有些人模糊了原则的概念，忘了原则的目的，把自己的一切喜好都当成原则，把固执己见当成原则，听不进劝告，不知道忍让，结果把事情搞得一塌糊涂。

这些人忘了，不管做什么事，不论讲不讲原则，目的都是为了让事情变得更好。有句话叫“穷则变，变则通，通则达”，当自己坚持的原则有悖于事情的合理发展时，就要学会变通，学会通融。如果为了坚守原则，而让自己和别人都陷入了不幸的境地，那还要这样的原则做什么呢?

曾有一对恋人，在一起五六年了，到了谈婚论嫁的年龄。男方父母亲自登门拜访，向女方提亲，不料女方父母表态：“结婚可以，但必须在婚前给足10万元现金，并买一套100平方米的公寓作彩礼。”

对于普通的工薪阶层来说，要一下拿出这么多彩礼钱，不能不说是一个沉重的负担。

听了女方家长的话，男方父母十分为难。想了想，只好跟未来的亲家说好话："就隔两条街，我家情况你们也清楚。彩礼肯定要给，房子肯定要买，婚礼也要风风光光地办。你们是一个女儿，我们是一个儿子，谁不心疼自家孩子？我们也想让孩子过得好一些。只是日子还得一点一点过，一下子要我们出这么多钱也困难。房子的事儿不妨先缓一缓，让孩子们先把婚结了。"这样的话并没有错，可女方父母的心却是铁做的秤砣，实心的，怎么劝也劝不动："别的什么事儿都可以商量，就嫁女儿这件事丝毫不能含糊。"

过了几天，男方父母拿着10万现金，又上门说好话。他们本以为自己做事这么干脆直爽，至少也会博得一些体谅。谁知女方家长还是那句话："嫁女儿的事是原则，没什么可商量的。"男方父母也失去了耐心，于是跟对方争吵了起来。两家争得脸红脖子粗，还差点打起来。女孩和男孩夹在中间左右为难，又毫无办法，急得直哭。这样闹了一番，从此两家伤了和气。男方父母气呼呼地提着钱袋，拂袖出了女孩家。女孩的父母却还在门后大嚷："没本事就别想娶儿媳。"

此后，两家的关系就这样僵持着，相互不再往来，也不说话，犹如冤家。一晃半年过去了，冷战却还在继续，依然没有丝毫缓和的趋势。男孩不太高兴去女孩家，女孩也不好意思再见男孩的父母，这对年轻人索性两家都不回，自己在外面租来的房子里过起了日子。

一年后，女孩怀孕了。结婚这件棘手的事情又浮出水面，不能一拖再拖了。这对年轻人心想，如今生米都煮成了熟饭，女方家里应该没有不同意的道理了。于是，他们一起拎着大包小包的礼物，来到女孩家，向女孩的父母汇报了怀孕一事。不料，女孩的父亲暴跳如雷，将女儿劈头盖脸痛骂了一顿，又对男孩说了“别拿怀孕作要挟”“下流的手段”等不堪入耳的狠话。这些狠话就像无数的针，扎在男孩心中，疼得滴血。若不是看在女孩的面子上，他早就发怒了。

回到家，女孩痛哭了半天，男孩也十分郁闷。“要不然，我们先去领证吧。反正只要法律上许可就行。大不了不办婚事了。”男孩说。可女孩并不赞同，她在跟自己的父母赌气：“过一阵再看看吧。到那时他们还不同意，我就偏不结婚。他们不心疼我，我也要让他们后悔。”

一晃又是几个月过去了。看着女孩的肚子越来越大，男孩十分着急。一天，他鼓起勇气，提着一大堆礼物，再次去岳父家说情。谁知这一次，女孩父母连门都不打开。冷冰冰的铁门内传来一句冷冰冰的话：“你就别再做我们的工作了。真想娶我女儿，就去做你父母那边的工作吧。”

一次次的努力都失败了，男孩很灰心，整天垂头丧气的。女孩因为未婚先孕，早就辞职待在家里，可心情一直不好，三天两头发脾气，发牢骚，埋怨双方父母没人体谅她，又抱怨男孩没本事。男孩有时候心烦，忍不住说两句，两人就大吵起来，常常吵得一个眼泪涟涟，一个唉声叹气。

可吵架终归是伤和气的事儿。每吵一次，感情就会淡一点，心就会凉一截。后来，他们不知又为什么小事大吵了一架，女孩赌气搬回了自己家住；男孩也赌气，干脆不理女孩，什么事儿都不管了。毕竟是自己的女儿，女孩父母看见女孩整天不是哭，就是叹气，心里十分担忧。他们问女孩："为什么你搬回家这么久了，他也不来看你？"

女孩不愿意答话，只是冷冷地说："还说什么呢，一切都被你们毁了。"听女孩这样说，女孩父母心里十分不是滋味儿。他们原先是想为她好，为她争个面子，争一份丰厚的彩礼，不料竟是这样的结果。眼看着孩子就要出世了，男孩还是对女孩不闻不问，连一个电话也不打，女孩父母真是又恼又悔。一番左思右想后，他们还是决定为女儿低个头，道个歉。

女孩的父亲拨通了男孩的电话："也许之前我们是有些不对，你就别挂在心上了。现在她快临盆了，你来看看她吧。""我又不是她丈夫，我没资格去看她。"电话那头传来冷冰冰的声音。女孩听见电话里的声音，又在一旁痛哭起来。

回顾事情的始末，谁是受伤者，谁又是制造伤害的人呢？说到底，都是自己伤害了自己，都是自己不能宽恕自己。

女孩的父母太执着于那份彩礼，原是为了女孩好，结果却害了她；女孩跟父母赌气，坚持不跟男孩结婚，到头来还是自己受了委屈。后来，女孩住进医院待产。女孩父母多次打电话向男孩和他的父母求和，都没有得到对方原谅。女孩生产和坐月子期间，男孩和他父母一次都不曾去探望。又过了一两个月，男孩心中的气平了，又想重新跟女孩和好，女孩的心却早已凉透。她已不再爱他，也不会再原谅他的无情和冷漠。

世间事，总是这样阴差阳错，有谁会永远站在原地等谁？

意气用事是要命的。有时候，一时的赌气，一时的怨愤，会像一把刀，扎伤对方的心，让它悲伤，让它流血。为什么非要等到事情已无可挽回再去补救？为什么非要等到人心冷若死灰再去忏悔？

其实，有什么事情放不下呢？你宽容一些，我退让一步，大家就会和和气气。固执己见，执着于那些对人对己都没有好处的事情，只会让彼此陷入痛苦的牢笼，陷入一切都无法挽回的境地。若是牢笼，那就放弃。不要执着，学会放下，学会宽容，生活才会好起来。

人生悟语

俗话说："大事讲原则，小事讲风格。"只要做事不偏离美好的初衷，不偏离大的方向，我们就不必执着于那些无关紧要的细节，也不必拘泥于那种于人于己都无多大裨益的形式。

看开一些，学会通融，学会豁达地待人处世，生活就会少一些痛苦，多一些祥和。

Part 03

愈简单，愈自由

世界不为一个人而存在，太阳也不会为哪个人而灿烂辉煌。人为什么不能少一些算计、快快乐乐地生活？当你简单了，世界就简单了，当烦恼少了，心就自由了。

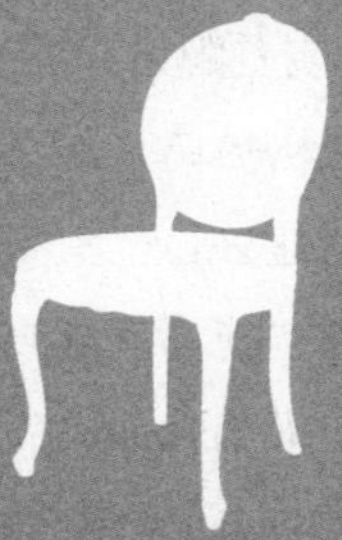

03▸▸

错过了，爱便不再

弗洛伊德是奥地利大名鼎鼎的精神分析学家，他曾说过这样一句话："生命中唯一重要的是爱情和工作。"你也许很难想象，这样一位著名的心理学家也会遇到爱情的桎梏，也会为爱情烦恼，当年，弗洛伊德跟任何一个容易被爱情迷惑的年轻人一样，差点因为爱情犯下大错。

1882年，弗洛伊德的诊所里来了一个名叫玛莎的年轻女病人，她的身边跟着一个18岁的少女，她就是玛莎的妹妹密娜，维也纳的一名音乐教师。当玛莎第一眼看到年轻英俊的弗洛伊德时，就深深地被他吸引住了；可弗洛伊德却在这一刻爱上了她的妹妹。爱情总是这样阴差阳错。

在教会工作的玛莎性格热情开朗，很快，她就对弗洛伊德展开了主动进攻，还邀请他去自己家里做客。弗洛伊德欣然接受了玛莎的邀请，他很期待能再次见到密娜。第二天晚上，弗洛伊德一番精心准备后，来到玛莎家做客，这时，他才知道原来密娜已经名花有主，顿时心头一阵冰凉。

在晚宴上，弗洛伊德了解到，密娜的未婚夫名叫伊凡，是一位身份显赫的伯爵，而且这个年轻人风流倜傥、气度不凡。相比之下，当时的弗洛伊德不过是一个名不见经传的神经科医生，他拿什么去追求密娜呢？

还没开始恋爱就已经失恋了的弗洛伊德，感受到从来没有过的失落和痛苦。晚宴后，他难以排遣心中的苦闷，一个人来到客厅的钢琴前，奏起了舒伯特的《美丽的磨坊姑娘》，感觉自己就像那为情所困的青年，几乎有一种恨不得为情而死的冲动。

回家的路上，弗洛伊德一个人走在宽阔的梧桐大道上，咀嚼着失恋的苦痛与绝望。那一天，他对着一棵枝繁叶茂的大梧桐树，刻下一首满溢相思的情诗。

几年后，弗洛伊德知道追求密娜没有希望，便决定向命运妥协，跟爱慕他的玛莎结了婚，两人很快便有了一个可爱的儿子。而这时，密娜也嫁给了伊凡，过着幸福美满的生活。

可是，一场不幸的大火突然降临在密娜家，搅乱了一切。伊凡几乎在火灾中被烧焦，为了尽快将眼角膜移植给心爱的妻子，他毅然拔掉了自己的氧气管，当晚就去世了。痛苦无比的密娜被接到了姐姐家里，在玛莎和弗洛伊德的悉心照顾下，她的脸上重又恢复了笑容。

可是，弗洛伊德的内心却陷入痛苦的泥潭。上帝在几年前关闭了他的爱情之门，如今，这扇门重又向他开启了。他要不要跨过这一道希望之门，去追求理想中的爱情？一边是一天比一天浓烈的相思，一边是深爱自己的妻子，他苦苦挣扎着，不知该如何是好。

弗洛伊德在庭院里一次次弹奏起《美丽的磨坊姑娘》，向密娜诉说衷情。回报他的却是密娜幽怨的眼神。相思在弗洛伊德心中积压得太久，太久，它犹如一座火山，总有喷发的时候。有一天，弗洛伊德难忍相思之苦，不顾密娜反对，紧紧抓住她的胳膊，把她带到了当年那棵刻满相思的梧桐树下。

“假如不能做你的天空，给你整个世界的爱，那么让我做一轮月亮，在想念你的晚上，用一帘月光轻抚你的脸庞。献给最爱的M. B.”

看到这一切，密娜被弗洛伊德的痴情深深打动了，她扑进弗洛伊德的怀抱，从此成了他的情人。不久，密娜怀孕了。弗洛伊德一时被爱情冲昏了头脑，决定撇下妻儿与密娜私奔。

三天后，他们用“西格蒙德·弗洛伊德博士和妻子”的名义住进了阿尔卑斯山下的马罗亚旅馆的11号房间。可他的内心却忐忑不安，波涛汹涌，满脑子都是温婉热情的妻子和儿子可爱的脸庞。他拨通了家里的电话……

电话那头传来玛莎急切而惊喜的声音。她说她跟儿子会永远等他回去，说她永远爱他。

弗洛伊德的内心饱受愧疚的煎熬，一夜无眠。

第二天，他又忍不住拨通了家里的电话，这次，电话那头传来的是儿子战战兢兢的稚嫩声音。他从电话里得知玛莎自杀未遂的消息后，不禁痛哭流涕，懊悔不已。

两天后，弗洛伊德结束了与密娜的情人关系，回到家中。与妻子分别的短短几天，却恍若隔世。玛莎见到弗洛伊德后，什么也没追问，只是张开双臂抱着他，良久，良久。

很多时候，人们常常被理想欺骗，总觉得得不到的爱情才是最好的。他们追逐着理想的幻影，爱情的幻影，追啊追，追上了，才发现自己心中其实另有牵挂。可是，自己已经跑得太远了，那心中的牵挂已经离得太远了，它是否还在？它是否无恙？

如果玛莎不是自杀未遂，而是自杀身亡了，不知弗洛伊德是否还有回头路可走。

这不禁让人想起一部名为《时尚》的印度影片。影片中的女主人公是一个十分漂亮的小镇女孩，她的梦想是成为一名超级模特，于是不顾父母反对，只身来到孟买闯荡。在艰苦打拼中，她认识了一个年轻英俊的男模，两人合租在一套房子里，日久生情，渐渐坠入情网。

然而，好景不长，女孩在追求名利时，渐渐迷失了自己。她被缤纷多彩且到处都是诱惑与陷阱的世界迷乱了双眼，开始厌弃自己的男友，成了一个时尚界巨头的情妇。

在情人的操纵下，女孩一夜成名，城市的大街小巷都挂满了她的照片。成为超级名模的女孩，不知不觉陷入娱乐圈黑暗、复杂的尔虞我诈当中，失去了当年的纯真与甜美。最后，女孩尝尽了失恋、被玩弄的痛苦，事业也因为没了靠山，一下子跌入谷底，于是她开始绝望、失落。

沉寂一年后，女孩在家人的支持下逐渐走出阴影，决定鼓起勇气重新振作起来。当她小心翼翼地拨通长久未联系的老朋友的电话时，发现一些友情早已远去；当她重新回到原来居住的地方，找到当年那个爱她的男孩时，得到的却是客客气气的接待。他对她依然友好，但已经不再爱她，因为他有了新的女友。不是所有的爱，所有的人，都会在原地等你。有些人，有些爱，一旦错过了，就不再来。

人生悟语

世事总是这样，如李商隐所言："此情可待成追忆，只是当时已惘然。"追求那远方的爱情或理想时，先不要急着出发。静下心，好好想一想，当下你必须为此付出的、舍弃的，你到底舍不舍得？往后还会不会留恋、想念？

你无法做一个
人人都喜欢的橘子

佛曰：一沙一世界，一花一天堂。在这里一个小小的橘子也是一个莫大的天地。汤米最喜欢吃的水果就是橘子，而汤米的父亲恰恰最讨厌吃橘子。家人都很纳闷，好心劝他多吃橘子，多多补充维生素C，可惜招数使尽也没能说服父亲接受吃橘子，满心愤懑的父亲向汤米大声说："即使你们把最好的橘子摆到我面前我也不会吃，因为我打心底厌恶橘子的味道。"父亲的埋怨带给汤米无限的启发，作为一个橘子，哪怕是再好的橘子，在这个世界上，也照样有人不喜欢，如果把这个道理放在人的身上呢？

正所谓"金无足赤，人无完人"，生活中没有十全十美的人，很多人因为自己的外形不够完美而烦闷、苦恼，生怕自己不是那集万千宠爱于一身的焦点。这个世界很公平，老天给予你美貌，也许就没收了你的聪慧，给了你残疾的身体，却赐给你超乎常人的坚强意志……即使你贫穷丑陋也自有爱你的人站在背后，即使你成功富有也有骂你的不满之声在飘扬。

萝卜青菜各有所爱，为什么要因为个别人的不喜欢、不认可自己而生气呢？现实生活中各种各样的批评和打击让我们伤心失落，我们不断地责问自己：“难道我真的有这么差吗？”愤懑占据着我们的心，使我们垂头丧气，难过不已，一切不快都源于我们太在乎别人眼中的自己。

贝克汉姆在回归洛杉矶银河队后的第一场比赛中遭到了球迷的嘘声和抗议，赛后，贝克汉姆在接受媒体采访时表示自己并不会因为球迷的嘘声而生气，他笑着说：“因为我不可能让所有的人都喜欢我。”在接下来的比赛中，贝克汉姆用出色的表现回应了球迷的嘘声。如果贝克汉姆只是忙着在意球迷对自己的看法，忙着生气发脾气，那么他会在比赛中分心，发挥不出自己优秀的球技。贝克汉姆的故事启发我们：以平常心对待人们的眼光，不要因为别人的不喜欢而耿耿于怀，平和应对是立于不败之地的法则，唯有这样才能消除坏心情的干扰，保持愉快的心情。

在社交和职场中也是同样的道理，不要以别人的喜好来评判自己的成功与否，坚持做自己，切莫为了迎合别人的口味，而把最真实的自己丢在路上。美国前任国务卿鲍威尔认为：“你不可能同时得到所有人的喜欢，这是非常明智的，如果你希望和每一个人都搞好关系，最后你付出很多时间去给别人帮忙，以此来讨好别人，但是这并不能改变别人对你的不欣赏。一个人只需要做到：有几个要好的朋友，大部分人都认可你，很少或基本没人讨厌你，你的为人处世就已经算是很成功了。”

女孩叶子和男孩小雷是一对情侣，他俩在结婚前受到小雷母亲的坚决反对，她坚决不喜欢叶子做自己未来的儿媳妇，不仅嫌弃她学历低，还觉得她出身贫穷配不上自己的儿子。尽管如此，小雷还是义无反顾地娶了叶子为妻，面对婚后和自己处处作对的婆婆，闷闷不乐的叶子经常以泪洗面，小雷劝慰叶子：“你要嫁的人是我，不是我妈妈，不要因为我妈不喜欢你就轻易放弃我们的爱情，我喜欢你难道还不够吗？”

是啊，只要自己在意的人喜欢自己就够了，何必要求那么多呢？一年后，叶子生下一个大胖儿子，老人看在自己孙子的分上慢慢改变了对叶子的偏见，婆媳关系也变得融洽多了。叶子终于明白了：有人不喜欢我是正常的，只要有一个人喜欢我就够了！

人生悟语

世上之事岂能尽如人意，但求无愧我心，坦然面对他人的批评和指责，有则改之，无则加勉。卸去灰色的情绪，用美丽的心情看待生活中的种种美好。世界，仍是一个等待你成熟的果园。

羡慕我那份知足常乐的傻劲

五月天的一首《知足》唱出了多少人的无奈和心声："天上的星星笑地上的人，总是不能懂不能觉得足够……知足的快乐让我忍受心痛。"知足常乐这句流传千百年的经典老话，不知受到过多少先哲们的推崇，也不知承载了多少至真至纯的故事。然而，大千世界，芸芸众生中，又有几个人能真正明白这四字所包含的深意？又有多少人能够真正做到知足常乐呢？

话说张果老成仙以后，经常来到民间寻访度化。一天，张果老走到一个村口，看见一对年老体衰的夫妇在辛苦地摆摊卖水果。于是，张果老走上前去，借买水果的机会跟老夫妻搭话："请问二老，你们的日子过得怎么样？" 老夫妻叹口气连连摇头说："太贫困了，家里都揭不开锅了。"张果老又问："那你们有什么愿望呢？"老夫妻毫不犹豫地回答说："要是能有钱开个酒店卖酒，那这日子就好过多了。"

张果老告诉老夫妻说："在你们附近的山顶上有一块形状酷似猴儿的石头。石头旁边有三个铜钱大小的泉眼。只要你们明天上山把堵在泉眼里的灰尘清理干净，那么泉眼就会自动流出有酒味的水来。”说完后又交给老夫妻一个葫芦，叮嘱说，每次盛酒只要把这个葫芦装满就可以了。

第二天天没亮，老夫妻就摸黑爬上山去。顺利找到了张果老说的那块石头，清扫完泉眼，果然就有水流出来。两人赶紧舀一点尝尝，惊喜地发现真的是香甜的酒味。老夫妻喜出望外，赶忙装了一葫芦拿回家卖，一葫芦酒刚好够卖一天，比以前卖水赚钱容易多了。

老夫妻从此以后天天上山装水酒卖，日子一天好过一天。不知不觉一年过去了，张果老再一次来到这个地方。张果老问：“现在日子过得怎么样啊？”老夫妻说：“自从受到你的指点，我们的日子过得好多了，但是你要是能再赐给我们一个酒糟来喂猪就更好了！”张果老听后，失望极了，他摇头叹息念道：“天高不算高，人心比天高。清水当酒卖，还嫌没有糟。”念罢，转身离去。第二天，老夫妻发现山上的泉眼枯竭了，从此再也

没有水酒涌出来了。

老夫妻的不知足恰恰印证了“人心不足蛇吞象”这句话，世界上没有最好的日子，只有更好的日子，面对从天而降的恩赐，老夫妻依然不满足，奢望更多，最后被没收一切，从零开始。人的欲望是无止境的，在层出不穷的欲望驱使下，人们开始变得不知足，贪婪让人身心疲惫。现代人生活的幸福指数之所以直线下降，很大程度上是因为不知足。

明朝金溪人胡九韶，家境十分贫苦。长大成人后一面教书，一面努力耕作，虽然他卖命劳作，但只可以达到衣食温饱而已。每当夜幕降临时，胡九韶都要到自家门口焚香，磕头作揖，跪拜天地，感谢上天赐给他这一天的清福。

胡九韶的妻子苦笑说：“我们一日三餐都是粗茶淡饭，怎么能谈得上是享清福？”胡九韶回答妻子说：“首先，我很庆幸自己生在太平盛世，没有兵荒马乱民不聊生；第二，我又庆幸我们全家人每天都能有口饭吃、有衣穿，不至于挨饥受饿、衣不蔽体；第三，我庆幸的是自己家里床上没有病人，监狱中没有囚犯。你说，这不是清福是什么呢？”

如今生活条件比古时候不知道好了多少倍，但还是能听到各种各样的抱怨声：我的房子还不够大，我的银行存款还不够多，我的孩子还不够聪明，我的职位还不够高……在怨声载道的日子里，人们怒气冲天，离快乐越来越远。人生最大的烦恼是从没有意义的盲目比较中开始的。人比人气死人，在与他人的比较中寻求自己的差距，在难以赶超的差距中被气愤煎熬。

于是，人们垂头丧气，心有不甘。

面对生活中各种各样的不如意，我们需要换一个角度去重新审视。同事升迁了，不要因为嫉妒仇恨他人，要提醒自己“革命尚未成功，同志仍需努力”，也许是自己技不如人，也许是同事运气好；好友发财了，不要心里不平衡，抱怨为什么自己没有这样的好命，要告诉自己钱财乃身外之物，生不带来死不带去，只要自己健健康康就是最大的财富；看到别人在大城市里声色犬马，而自己却在小城市里奔波，不要愤愤不平，要明白自己虽然收入微薄，但能每天和家人一起享受天伦之乐，那些远离家乡的人却在饱受思乡的煎熬；当我们难以忍受高强度的工作压力时，不要气馁不要绝望，对于那些躺在病榻之上的垂死之人而言，工作挣钱都是一种极大的奢望，我们还有什么不知足的呢？

人生悟语

知足是衡量人生是否快乐的关键所在，当我哭泣没鞋穿的时候，我发现有人却没脚。学会知足，才是摆脱阴郁，走向幸福的第一步。毕竟，知足，才能常乐！

世界是平的

当你仰视天空时，什么都比你高，你会自卑；当你俯视大地时，什么都比你低，你会自傲。如果放宽视野，将天地万物一览无余，这时，你才会心平气和、不卑不亢地去对待这个世界，对待你自己。

有一次，法国著名作家贝尔纳说了一句俏皮话，朋友们听了一个个捧腹大笑。其中有一个朋友十分佩服贝尔纳的才华和为人，于是，他借机恭维贝尔纳说："啊，只有你才能说出如此妙不可言的话来。"

贝尔纳笑笑，坦率地回答："朋友，这句话是我刚刚从报纸上看来的。"

朋友惊讶地说："是吗？可你说得那么自然，就像是发自你的内心一般。"

"你总算说对了一点，"贝尔纳笑着说，"这原本就是一句妙不可言的话，我不过是把它权威化了而已。"

在普通人眼中，权威人物就像太阳一样高高在上，一切荣誉与美好都归于他们。他们光芒万丈，这种光辉，常人仿佛永远不可企及。

曾有一个学生写了一篇习作。老师将习作中的一段话用红笔圈出，写上批语，大致意思是此文别的部分写得还不错，唯独红笔圈出的那一段话文句不通、不知所云。

学生告诉老师，那段话并非他的原创，而是从鲁迅的一篇文章里引用来的。老师将信将疑，拿起习作，把那段话翻来覆去念了又念，沉吟半晌，然后突然改口说："嗯，写得好。有深意！"

还有一件好气又好笑的事。一次，学校开展作文比赛，一个平时总拿冠军的学生在那次比赛中落榜了，他看了看其他得奖的文章，觉得写得远远不如自己，于是找到评奖老师，想讨一个说法。

评奖老师叹了一口气说："你这文章的确写得不错，可是，这并不是你的原创啊。抄袭不是一件光荣的事情，老师没有把这件事揭发出来，是为你着想。"

学生听了大吃一惊："抄袭？我根本没有抄袭，这是现场作文，我能抄谁的呢？"

老师却淡淡地说："你肯定是以前看过哪个作家的作品，印象深刻就把它背下来了。要不然，我看着这篇文章，怎么有一种似曾相识的感觉呢？"

学生很不服气，问老师："那您说说，我抄了谁的文章？我一定要回去翻出来看看。"

老师一拍桌子说：“我想起来了，这是林语堂的一篇小散文，我以前一定看过。难怪会产生似曾相识的感觉……”

学生听了在一旁苦笑，因为那时的他，根本还不曾读过林语堂的散文。

其实，那些大人物在成名之前，不也是一个默默无闻的小人物吗？他们跟你我一样，都要吃饭睡觉，都有喜怒哀乐，他们也需要老师的教导，也是在一点一滴的付出中逐渐得到成长的。

法国作家大仲马年轻时是个碌碌无为的流浪汉。有一次，日子实在过不下去了，他去找父亲的朋友帮忙，谋求一份可以糊口的工作。

父亲的朋友问他：“你会什么？会算账吗？”“会法律吗？”“历史、地理、数学，任何一门都行，你会一点点吗？”大仲马都摇摇头，说：“不会。”

对于这样一个人，父亲的朋友想帮他都无可奈何，他只好耸耸肩，跟大仲马说：“那你先留下姓名和地址再说吧。”言下之意是，他已经尽力了，要给大仲马找一份工作实在不容易。

没想到，当大仲马在纸上写下他的姓名和地址时，父亲的朋友高兴地叫起来：“你的字写得不赖嘛。既然能写好字，你的文章应该也可以写得不错！”大仲马正是这样才开始写作，并逐渐由一个默默无闻、不名一文的流浪汉，成为享誉法国文坛的大作家。

大人物和小人物，差的就是一个名声，一份成就。然而，名声和成就犹如一件华丽的外衣，穿上它自然光芒万丈；脱下它，每个人其实相差无几。

曾有一个年轻记者，接到一个很重要的采访任务，他的采访对象是一位数学界赫赫有名的老教授。年轻记者心中有些忐忑，唯恐自己问出外行话或做出什么不妥当的事儿，会在权威面前出洋相。为了给老教授留下一个好印象以便顺利采访，采访前好几天，年轻记者就开始着手准备。他打电话问了好几个朋友，总算借到了一套不错的正装。又花了几个晚上的时间，把和老教授见面、采访时应说的话、说话时应注意的礼仪和小节，练了又练，在心中默念、默想了好几遍，直到确定不会再出差错了，才安心躺下睡觉。

第二天，年轻记者怀着战战兢兢的心情来到教授家，十分紧张地摁下门铃。

一个白发苍苍的老人，穿着一身素色布衣、一双布鞋出来开门。记者正在担心自己是否敲错了门，老人已经笑呵呵地把他迎进了屋。一番简短的自我介绍后，老人把记者让到沙发上，又亲自给他端茶倒水、切水果，显得十分热情。

这位和蔼可亲的老人，就是年轻记者要采访的数学界权威。顿时，年轻记者一颗悬着的心放了下来。不等年轻记者提问，老教授就主动追忆起许多有趣的往事，时不时停下来跟年轻记者交流一下看法。年轻记者听得入迷，完全把准备了多日的采访提纲忘在了脑后。

两个人面对面坐在沙发上，一边喝茶、吃水果，一边闲聊，像是在拉家常。很快，一上午就过去了。老教授还亲自下厨，非要叫年轻记者吃了饭再走。跟老教授坐在一张桌旁，吃他亲手做的炸酱面，年轻记者心中突然涌起一阵感动——眼前这位老人，是多么慈祥、多么亲切！他就像一位亲人，一位老朋友，仿佛完全和“大人物”“权威”这些字眼不相干。

的确，人本来就没有三六九等、高低贵贱之分。那些大人物，并不像人们想象的那么高深莫测，或炙手可热，或凛然不可亲近。他们身上的光环，是人们给的；除去这些光环，他们也和普通人一样，并没有什么特殊或神秘之处。

世界原本就是平的。不要习惯性地将自己视为弱者，仰视别人。一个习惯仰视别人的人，便会丧失应有的自尊和人格，变得矮人一截，说话做事不敢放开手脚。也不要把自己视为强者，看不起身边暂时不如你的人。傲慢和无礼，恰恰代表了一个人的无知和缺乏修养。

人生悟语

尊敬可敬之人，但不仰视、不崇拜；关怀可怜之人，但不鄙视、不欺弱。以一颗平常心处世、交友，你就会变成一个不卑不亢、亲近平和之人。

本来无一物，何处惹尘埃

五祖弘忍大师年老时欲传衣钵，命各弟子在墙上作偈。扫地的慧能小和尚趁别人不在，也在墙上题了四句偈："菩提本无树，明镜亦非台。本来无一物，何处惹尘埃。"五祖看后大喜，就将衣钵传给了慧能，慧能即后来的六祖。

一千多年过去了，当我们回头再看这四句偈的时候，仍然不得不叹服古人的智慧。短短四句话，便将这世间人、世间事，点得通透。在无数天花乱坠的解说和阐释背后，其句中意则始终只有一层，那便是"空"。

这世间最令人难以了却的，莫过于一个"情"字。

一个郁郁寡欢的年轻人来到五台山寻求解脱。

寺里高僧问他："年轻人，你因为什么而烦恼？"

年轻人说："我爱一位姑娘，她曾经也爱我，可她后来爱上了我的朋友。我在失去爱情的同时，也失去了友谊。这让我十分烦恼，不知道如何解脱。"

高僧说："爱，是什么？友谊又是什么？你可曾见过爱？

你可曾真爱？”年轻人被问住了，答不上话。

高僧微笑着继续说：“年轻人，你既然不知道爱是什么，友谊又是什么，也不曾见过它，为什么说是为爱而烦恼呢？你若真爱姑娘，真爱你的朋友，就会宽恕他们的一切，只想起他们的好。想起他们的好，你的心中便只会有快乐，不会有烦恼。你的烦恼，不在那位姑娘，也不在那个朋友，更不在看不见的爱和友谊上，而在你自己心里。”

年轻人赶紧问：“在我心里？那我是在为什么烦恼呢？”

高僧说：“为你心中的尘。”

年轻人急切地问：“那我要怎么将它拂去呢？”

高僧答：“心中本无尘，你怎么拂？”

年轻人不解地问：“大师，你一会儿说我心中有尘，一会儿又说无尘，我心中究竟有没有尘呢？我到底该怎么消除我的烦恼呢？”

高僧答：“原本没有烦恼，可你觉得有烦恼，想着这烦恼，烦恼就会在你心里滋生，这烦恼就是尘。你觉得自己没有烦恼，烦恼自然就消逝了，心中也就无尘了。烦恼的起落，是一个从无到有再到无的过程。世间万事万物又何尝不是如此呢？草叶间原没有花，如果忽然花开时有人为之惊喜，那么花败时必然有人为之嗟叹。其实想想，花开了又谢，对没有见到它的人来说，就是不存在。即使有人见过它，它的存在也不过是刹那的幻影。既是幻影，何必为之烦恼？念由心生。你只要记住把心扫空，然后让它起善念，烦恼就不消自除了。”

年轻人似有所悟，点了点头，下山去了。

回到家中，他躺在床上，反复咀嚼着高僧说的话，“念由心生”四个字在耳畔久久回荡。年轻人开始回想自己对这姑娘最初的印象，她的美、她的好，犹如那花香，淡而不艳，若有似无，萦绕在心间。这么想时，他的心情就愉快起来，姑娘仿佛从未远去，她的美好一直留在他的心间。

他再想起好友往昔对自己的情谊，也不禁惭愧起来。好友和姑娘俩人既是两情相悦，就应该是值得祝福的一对。两个美好的人结合在一起，自己应该感到高兴才是。自己之所以不高兴，是起了嫉妒心、起了贪欲，这都是自己的恶念在作祟。

想明白后，年轻人不再整日躲在家里嗟叹。他找到了姑娘和好友，真诚地为他们送上祝福。姑娘和好友也十分高兴，与他和好如初了。

每个人最难解脱的，除了“情”，还有“欲”。“欲”字为一个“谷”，一个“欠”。谷物对人来说是缺不得的东西，一旦缺了，就会饥饿，从而引出想念、追求。欲有多种，如财欲、色欲、名欲、食欲、情欲等等。饥饿让人产生食欲；精神的空虚让人产生财欲、情欲、名欲、色欲。一个人的肠胃尚有限，吃饱吃够了，食欲就满足了。可精神之欲却是可怕的，因为它永远都满足不了。

曾有个布衣，于山间劳作、自食其力。日间插秧种菜，偶然抬头看看蓝天白云；夜晚点灯夜读，听妻儿说话，日子过得平淡却充实。一日，布衣在城里做生意的邻人给妻子买了一块好看的绸衣，布衣见了十分羡慕，决定挑着家里的余粮去城里卖了，也给妻子买一件绸衣。

到了城里，布衣见街道上的人一个个身着绫罗绸缎，潇洒阔气，不禁大开眼界。他想："原来生活可以这么美好，我也要过上这样的生活。"

数年中，布衣渐渐放弃了种粮种菜的生活，学着邻人做起了生意。由于布衣踏实肯干，他的生意做得红红火火，不久就发家致富了。布衣家也拥有了一座豪宅，家中资产甚多，顿顿都有美酒佳肴，人人都穿绫罗绸缎，真是好不富贵。

可是，好日子过了没几天，突然闯入一群强盗，把布衣家洗劫一空。几年辛苦创建的家业毁于一旦，布衣心里十分凄苦。正当他愁苦之时，邻人告诉他："做生意人是没有保障的。你要想生活富贵又稳定，不如去当官。那些盗贼，也只敢欺负老百姓，哪里听说过有盗贼洗劫当官的啊？"

布衣一听有理，于是借钱捐了个贡生，在城里当了一个小官。当小官自然不如当大官，当没有实权的官自然不如当有权的官，就这样，布衣想尽各种办法，一步一步往上爬。等他如愿以偿当上大官时，已经年过半百了。不过，他总算什么都有了：家中广厦无数，佳肴美酒无数，娇妻美妾成群。

可是，当大官似乎还有烦恼，就是不能自由自在。官场中暗流汹涌，布衣整天要看着皇帝的脸色行事，还要应对同僚的排挤，日子过得战战兢兢。

一次，布衣陷入党派纷争的旋涡，他站在左边不是，站在右边也不是，站在中间更不是。愁得整夜辗转反侧，难以入眠。正发愁间，他在迷迷糊糊中看见一团白光从门外飘进来，渐渐显出一位白衣仙人，说：“布衣，你不是心中有烦恼吗？有烦恼且随我来，我带你去看看没有烦恼的极乐仙境。”

布衣应答一声，轻飘飘地从床上起来，随着那白衣人腾云驾雾，来到一处云山雾海的仙境。布衣环顾四周，这里除了漫无边际的云海，别的什么都没有，大惊道：“这就是你说的极乐仙境吗？这里既没房子，也没鲜果、美酒，连一个做伴的人都没有，怎么会让人快乐和满足呢？”

那仙人道：“神仙本来就无身无形，不过是天地间的一股精气。它无所往，又无所不往，浩浩荡荡，飘飘忽忽，没有拘束，有什么烦恼？其实，每个凡人的灵魂也是精气凝成的，原本与神仙一样，没有烦恼。烦恼是因为受到了俗世间的各种束缚，钱财、名利、情色，每一样都是束缚。一个人对这些所求越多，所受的束缚就越大，烦恼就越重。那世间最可悲的人，就是那些把自己深深套在俗物中的人。他们已经没有了灵魂，只是一具行尸走肉。你瞧……”

仙人说着，把布衣带到一个仙池边，指给他看凡间形形色色的人的生活：那凡间之人，有人为追求财富卖儿鬻女，挥霍尽钱财后孤老死去；有人浑身被锦绣绫罗包裹，心中却千疮百孔；有人年轻时风光无限、追捧者无数，年老色衰时身边却冷冷清清，常暗自对镜流泪；有人仗势欺人，失势时被人骑在胯下当猪狗牛马；有人贪财好色、花天酒地、享尽荣华富贵却不得好死；有人身份至尊，享尽世间一切荣华富贵，却没有一个知心的家人或朋友……

一幕幕图景从布衣眼前飘过。忽然，眼前飘过一个熟悉的人影。定睛一瞧，原来是自己。他看见自己已经死了，正躺在棺材里迅速腐化。他宠爱的妻妾们纷纷另嫁他人，旧人就成了新人，过得好不快活，早把他忘在九霄云外了。他那养尊处优惯了的儿子不久就把他的家产挥霍殆尽，衣衫褴褛，正可怜地蹲在一堵墙边乞讨呢。

布衣看着看着，心中无限悲伤，他问仙人："难道我已经死了吗？难道我辛辛苦苦努力的结果竟然就是这样的吗？"

仙人哈哈大笑说："你把自己视为那一个俗世的躯体，你就已经死了；如果你把自己视为天地间的精魂，你怎么会死呢？这池中照出的不过是种种幻象，你若能从这幻象中悟得大道理，你就会复活。要不然，我也救不了你了。"

布衣跪下来磕头，只听神仙大喊一声："仙本在你自己心中，你缘何求我！"说完一闪不见了。布衣在大喊中惊醒，原来不过是一场梦。布衣觉得这不是一个平凡的梦，细细品味仙人之语，心有所悟，遣散妾奴，携妻带子辞官还乡去了。

布衣回到故里，重新过起了躬耕自资的生活。粗米淡菜、几所茅屋，竟然远比那佳肴、宫殿可爱、亲切许多。白天，他荷锄上山，累了就看看天，这种舒适和惬意，这种自由与放松，他很久没有体会了。顿时，心中一阵释然。

布衣临终时，内心十分平静满足，他把自己的梦告诉了妻子和儿子，说自己要去见那仙人了，并希望他儿子牢记他的教诲，这样就可以永远快乐、没有烦恼。

人生悟语

佛家认为，世间事，原本就是真真假假，如梦如幻。幻由空生，又归于空。人们追求、在意的，即便得到了，最终也将转瞬即逝。

生为世间人，我们无法都像佛一样看空一切，求得永无烦恼的极乐世界。但如果明白了"空"的道理，至少可以放下一些烦恼，这也是人生的一种智慧。

不为别人而活

一个人不要只活在自己的世界里，那样容易自私；一个人也不要只活在别人的世界里，那样就会失去自我，抓不住属于自己的幸福。

她叫予瞳，爱上了一个大学时的同学，可身边的朋友都不怎么喜欢他。因此，她不敢光明正大地跟他谈恋爱，只好偷偷摸摸地开展地下恋情。她的秘密恋爱一直进行了半年也没人发现，可她却时刻战战兢兢的，总怕被人发现。

在公开与他的恋情之前，她很想确切地调查一下闺中密友们对他的真实评价，因为，她们对他的评价，直接代表了她的眼光和判断力，还会影响她们对她的看法。于是，借着一次聚会闲聊，她假装不经意地挑起了一个与他有关的话题，并非常巧妙地将话题逐渐引到他身上。

一个同伴说："我对这个人不太熟悉，因为他长得太普通了。我只知道，他长得又瘦又丑，别的就没什么印象了。"

另一个说："我有印象，我觉得他不仅丑，还十分邋遢，脸上凹凸不平的，就像月球的表面。而且，一看他的样子，就知道他很高傲，人缘肯定不会好。”

第三个说：“要我说，这样的男人就是‘四无男’，要长相没长相，要身材没身材，要钱没钱，要魅力还没有魅力，我很怀疑谁会看上他这样的人。真是替他感到可悲啊……”

听着伙伴们的纷纷议论，她的内心矛盾极了。她知道，其实，她们并不了解他。他的确有些瘦，上学时也不会穿着打扮。那是因为家里穷，吃不起好的，穿不起好的，于是才给了别人“又瘦又丑”“邋遢”的印象。

上学时，他也的确满脸青春痘，不过现在，他早就不是那样了。有一次，予瞳和男友在月光下约会，肩并肩坐在一起看着星空。一阵微风拂过，她近距离凝视着他的脸，借着月光，她第一次发现他竟然长得如此清秀、儒雅。他专注地望着夜空，带着沉思，眉宇间流露出一种独特的气质，有着王子般的高贵，又有着一种淡淡的忧伤。

这种表情让她十分着迷，她差点叫起来：“他难道不正是我心目中的白马王子吗？”她想不通，为什么朋友们都要说他相貌丑陋。

至于别人说他孤傲、人缘极差，则完全是误解。在不相干的人面前，他的确话语不多，因为他不想通过无聊的攀谈来结交朋友。他也有很多朋友，只是她们平时只关心娱乐、逛街，他的朋友不在她们认识的圈子里而已。

可予瞳不能出言为他辩白，那样只会招来朋友们的取笑和起哄。于是，她继续隐瞒着和他的恋情，每次约会都偷偷摸摸，选择在很远很远、遇不见熟人的地方。只要有朋友叫她一同逛街、旅游，她就毫不留情地把他撇在一边，好像要故意证明给人看，她很自由，她的时间很充裕，她没有谈恋爱。她也不敢当着熟人的面接他的电话，生怕别人问起。

有一次，予瞳正跟男友手牵手在小河边散步，迎面走来一个熟人。她立刻甩开他的手，一个人转身就跑。回到家时，她仿佛还心有余悸，生怕自己和他拉手散步的情景被人见到了。

可是，躲得了一时，躲不过一世。丑媳妇儿总要见公婆，同伴们对他的印象再坏，她也不能总隐瞒着。为了要不要把男友介绍给大家这件事，她犹豫了许久。每次，当姐妹们带着男友一起出席聚会，问她什么时候找男友时，她的笑容就会很僵硬。

夜晚躺在床上，予瞳不停地问自己：我这么做，究竟在纠结什么？是不够爱他吗？不是。是他真的很糟糕吗？也不是。那是什么？

原因很简单，是她太在意别人的看法，是她的虚荣心在作怪，是她用别人的标准来衡量自己。难道，这不是很愚蠢吗？她明明知道自己喜欢他，而同伴们啧啧称赞的那些男生，她其实并不喜欢。每个人的喜好不同，“鸡找鸡，鸭找鸭，王八找个鳖亲家”，这其中，并不存在好坏与对错，只是合不合适而已。

予瞳辗转反侧了许多个夜晚，终于鼓起勇气，把她的秘密恋情告诉了其中一个闺中密友。好友听说后，劈头盖脸就是一顿训斥："别因为一时寂寞就找他这样的啊。再等等吧，要不然你以后会后悔的。"

当时，她又怀疑起来：身边的人都这么说，难道真是自己的眼光有问题吗？她尝试着不去理睬他。可几天不见，她又遏制不住地想他。一幕幕回忆中，留下的都是他的好，他的善良、坦诚、独立、温和、睿智，他对她无限的宽容与耐心，他对她深深的爱。月光下，他带着淡淡的忧伤的表情又浮现在她面前，挥之不去。

不久，她和他恋爱的消息，已经由她的好友传播出去，一时间传得沸沸扬扬。往日的姐妹们一个个劝说她，有的让她冷静冷静，别一时冲动耽误了终身大事；有的直接让她赶紧分手；有的还说要给她介绍一个"更好的"……

她心乱如麻。这时，一个声音不住地在耳边提醒："其实你爱他！其实你爱他！"

最后，予瞳选择了相信自己，她勇敢地跟他光明正大地交往起来。

几年后，予瞳和男友经过一番努力，过上了幸福的生活。她的男友自己开了一家公司，成了人们常说的"凤凰男"。

当予瞳带着以前的男友、现在的老公再跟朋友们见面时，大家看她时的眼神充满了羡慕。

"怎么，你老公越来越帅气了！我们以前怎么没发现呢？"

“你真是嫁了一个好老公，又能干，又体贴，真有福气。”

“我发现你老公还挺幽默、挺可爱的嘛。”

人就是这么奇怪，明明是同样一群人对同一个人的评价，时隔几年，就可以天差地别。听着好友们的称赞，她心里美滋滋的，心想：“多亏当时按照自己的心意做了选择，还是得相信自己。”

是啊，人不是为了别人而活，何必事事用别人的眼光去衡量呢？不幸的是，很多人出于种种原因，宁可相信别人，也不相信自己。他们这样做，有时是因为虚荣，想得到别人的认可；有时是因为害怕，担心自己的判断是错的。人生是自己的，别人不会为你的不幸埋单。

人生悟语

环境会改变、关系会改变、人们的观念也在改变。以别人的眼光为标准是不可靠的。唯有相信自己、坚持自己，才能把握自己的幸福，过好自己的人生。

Part 04

人生如水，越淡越纯

错过了太阳，要处之泰然，否则你还将错过月亮和星星；错过了一次机会，也不要垂头丧气，努力抓住下一次机会。没有压抑、不满和后悔，也就没有怨恨，没有牢骚。时时倾听内心的声音，做越来越好的自己。

04 ▸▸

自得其乐是一种境界

风过落叶起，风止浮尘落。无论是落叶，是浮尘，还是我们的人生，起起落落都没有什么。起有起的乐处，止有止的乐处，乐中有乐，苦中亦可以寻乐，只要能自得其乐，便是快乐的人生。

我有一个朋友，叫天伟，是个乐天派。毕业前夕，别的同学都在忙着考研、找工作，为将来的打算忙得焦头烂额，唯独他依然无忧无虑，怡然自得。别人问他：“你是找到好工作了？”他摇摇头。别人又问：“家里给你安排好了？”他还是摇摇头。别人说：“你别这样吊儿郎当的，到时候睡大街、饿肚子就来不及了。”他只微微一笑，答道：“难为你们比我还着急。但真的不必这么紧张，我有手有脚，大不了找不到工作去干苦力，总不至于饿死的。”

毕业后，天伟找了个不上不下的工作，收入并不是很高。可他悠闲自在惯了，从来不为攒钱的事儿发愁，过得十分逍遥：一个人租了一套一居室，在阳台上养满了吊兰、茉莉、文竹等花草。他还特意买了一把摇椅放在阳台上，到了周末就躺在上面，一边摇，一边悠闲地看书。

看天伟每天生活得闲散，有些朋友忍不住替他着急。劝他节俭一些攒钱买房，劝他周末兼职，或劝他报个班学点其他本领，天伟只是笑笑，说："我觉得这样挺好的。"

在别人眼中，天伟固执、不听劝、不会精打细算地生活。可仔细一想，人生百样，怎么样的人生才是对的，怎么样的人生又是错的呢？对每个人来讲，其实生活并无对错，只要自己过得开心就好。

另有一位朋友，是个女孩，叫靓颖，她的个性跟天伟有着异曲同工之妙。靓颖是个十分独立的女孩，眼看要到而立之年了，身边依然没有男友。她的朋友和家人纷纷催她："你就不要再挑了，找个差不多的就行了。"靓颖可不爱听这样的话，她说："我为什么非得找一个不喜欢的人结婚呢？我一点儿都不愁自己嫁不出去。再说，就算嫁不出去，我也照样可以过得挺好。"靓颖不是那种吃不到葡萄说葡萄酸的人，身边有没有男朋友，她真的无所谓。有一个，当然更好；但如果没有遇上合适的，她绝不凑合。她的生活精致而讲究，没有男朋友，她照样生活得很开心。

人们常常用自己的眼光去衡量别人，看到别人不如自己的地方就顿生同情之心。殊不知，自得其乐之人，不存在什么幸与不幸。你眼中的幸福，在他看来未必就很值得羡慕；你眼中的不幸，在他看来也许完全不值一提。

曾经有人惹出过这样一个笑话。他是一个老师，班上有一个背驼得很厉害的矮个子穷学生。他看这个学生平时很少说话，也很少跟其他同学交流，总是埋头苦读，以为他是自卑所致，于是想要帮帮他。

一日，这位善良的老师提出想请这位学生吃饭，学生很高兴地答应了。

吃饭时，老师让学生点菜，学生只点了两个素菜。老师怕学生客气，又点了很多大鱼大肉。吃饭时，学生却光吃素菜。他以为学生还在客气，就主动往学生碗里夹了很多肉，一边吃饭，一边对他问东问西，表现得十分关心。学生推辞不过，见肉到了碗里，只好把它吃了，但对老师的问话却是一句不答。饭毕，这位老师十分沮丧，他叹息了一声，自言自语地说："孩子，你对老师别这么见外。我是真心实意想跟你交朋友。有什么困难，都告诉我，老师都会帮你的。"学生听了吃惊地说："老师，我没什么困难。"

老师说："你看，不诚实吧？刚才还说不爱吃肉呢，结果还不是都吃了？你就说吧，别把老师当外人。"

学生见老师说得很真诚，就大胆地说出了自己真实的想法："老师，那我就实话实说了，有什么得罪的地方还请原谅。我刚才一直没有跟您说话，是因为孔子说过'食不言寝不语'的话。从小我就不习惯边吃饭边说话，还请老师原谅。至于您点的肉，我也不是不敢吃，或舍不得吃，而是实在不太爱吃肉。可您把肉放到了我的碗里，我再不吃就是浪费了，所以只好把它吃掉。其实，很多高僧终生吃素都可以长命百岁呢，素菜既健康又营养，我觉得能光吃素菜也挺好的，不见得必须吃肉。”听了学生的话，老师不好意思地笑笑，接着又问：“那你平时为什么总是一个人埋头苦读？你的成绩已经很好了，用不着这么辛苦。而且，班里的同学也没有排挤你的意思，你应该多跟他们交往才是啊。”

学生微笑着说：“老师，我喜欢看书，只是想多学习知识，而且学习本身就是一种乐趣。至于我为什么不跟其他同学玩，并不是我不喜欢他们，也不是我不爱交朋友，只是他们喜欢打球、下棋，我喜欢看书、写字，志不同道不合，玩不到一块儿。我与书为友，也是其乐无穷呢！”

学生说完这番话，老师哑口无言。他没想到，自己完全低估了眼前这位学生，他实在是多虑了。

人生悟语

自得其乐是一种境界，也是一种人生的智慧。一个人是否快乐，只有他自己的内心知道。只要自己快乐，无愧于心，那么走自己的路，让别人说去吧。

坦然总与有心人同在

做一个坦诚的人，像一棵树，一半稳稳地扎根在泥土中，一半挺立，在空中轻舞飞扬。树有树的姿态，人有人的品格。坦诚，是出自对名声的珍惜，是对内心宁静的渴求。

清朝时，山西祁县出了一位闻名天下的儒商——人称“亮财主”的乔致庸。他出生在一个商贾世家，从小父母双亡，由长兄抚养长大。乔致庸本是个文雅尚儒的读书人，不幸少年时长兄病故，复兴乔氏家族生意的重担落到了他的肩上。

当时，受战乱影响，乔家的茶丝生意受到重创，面临破产的边缘。他的长兄承受不了这样的打击一病不起。乔致庸接管乔家生意后，乔氏家族的事业却在战乱动荡的年代蒸蒸日上。到了清末，乔氏家族已经在中国各地拥有票号、钱庄、当铺、粮店二百多处，资产达数千万两白银。

乔家生意之所以能逆转直上、激流勇进，靠的不是投机取巧、奔走钻营，而是一个“信”字。信，就是诚信与坦诚。乔致庸待人随和，讲求诚信为本、以德经商。作为一个生意人，

“信”“义”“利”三字当中，却是“信”字当首，“义”次之，“利”则被放在最后。“人弃我取，薄利广销，维护信誉，不弄虚伪”十六字，是乔致庸一生恪守的经商术。

乔氏家族在包头开有一家复盛西铺，这是一家主营粮油的大商号。有一次，复盛油坊向山西运送一批胡麻油，一个伙计想从中贪利，偷偷在油中掺了假。这样的举动在当时的生意场上不算稀奇，商家们在米面粮油上做手脚、缺斤少两的事情屡见不鲜。可复盛西铺的掌柜知道此事后，不仅将伙计严厉地训斥了一顿，还将所有掺假的油都倒了，换回了货真价实的胡麻油。此一举动，让乔家生意蒙受了不少损失。可乔家守信的美名却得到了传扬，也因此赢得了更多的商户。

“信”不仅是坦诚与诚信，更有“信义”包含其中。乔家下属商号通和店，可谓包头粮油米面行上的巨头，由于它从来不缺斤短两、以次充好，深得客户信赖，生意十分兴隆。到了年关，无论是达官贵人，还是平头百姓，都来店里购买过年的粮油，店里的生意更是异常繁忙。

每逢这时，为了穷困人家也能吃上好米好面，通和店常常把一些上等米面掺到普通米面当中，并按普通米面的价格卖给穷人。穷人对乔家的仁厚与诚信感恩戴德，日后也渐渐成了乔家商铺的常客。

凭着这样的信、义，乔家生意在商场博弈中稳操胜券，日渐兴隆。然而，成也萧何败也萧何，乔家因“信”而立，最后却同样因“信”而败。

20世纪30年代，恰逢中原大乱、经济衰退的大趋势，国内出现了巨大的金融危机，当时，晋钞大大贬值，它与新币之间的兑换比值大约到了25∶1的程度。如果当时对所有储户都用晋钞而非新币支付，已经奄奄一息的大德通票号完全可以利用晋钞和新币之间的差价大赚一笔，从而赢得翻身的机会。但乔致庸的后人放弃了最后的机会，毅然做出了收晋钞、支新币的决定。

这个时候，若换成别人，很可能为一己私利干出损人利己的事，事后仍辩称“不知情”“不得已而为之”，以博取世人的同情和原谅。然而，谎言也许骗得了世人，却永远也骗不了自己；骗得了一时，却骗不了一世。所谓“清者自清，浊者自浊”，是谎言终会浮出水面，是恶行，即便得了好处，也不会心安。

乔家的子孙明白，一个家族也好，一个人也罢，终究不是那日月星辰，可以永恒。由兴盛走向衰亡，是必然的命运，只是迟早的问题。苟且偷生，招致的是自己心中的不安，是千秋万代的骂名；坦诚而活，为信、义而亡，却可以守住一世英名。

一个家族是这样，一个人又何尝不是如此。磊落者自光明，坦诚者自正大。生活中，一旦利和义发生冲突，你是选择违背自己的良心，偷偷摸摸做一些损人利己的事情，还是选择坦诚面对、坦率处之？

有一家民营企业，要从两名现任经理中选出一个合适人选担任公司总监。这两名候选人，一位是外联部经理晨辉，一位是策划部经理浩然，由于两人平时的业绩都十分突出，在公司的人缘也相当好，在实力上可谓不相上下、难分胜负，公司董事会决定采用让全体员工民主选举的方式来裁定。

晨辉十分渴望坐上总监的位置，当他得知要民选后，立即开始暗箱操作，一边积极讨好员工，一边暗中散播谣言，说一些有意贬损浩然的话。晨辉所做的一切，浩然都看在眼里，但他没有向上级揭发，也没有暗中与之对抗，而是采取了听之任之的态度。因为，他相信，是金子总会发光，是谣言总会消除。

到了选举那天，晨辉和浩然的选票竞争十分激烈。三轮下来，两个人每一轮都打成平手，谁也没有占绝对优势，这让主持选举的人十分为难。这时，晨辉主动走上演讲台，当着所有领导和员工的面，发表了一番慷慨激昂的演说。作为外联部的负责人，能言善辩是晨辉的特长，他滔滔不绝，从自己一直以来的努力表现、这几年的功劳成果，一直讲到对公司未来的蓝图规划和美好憧憬。台下一片啧啧称赞、掌声如雷。

晨辉十分会说话，他巧妙地夸耀了自己的功劳，又用巧妙的言辞，有意夸大了浩然在工作上的失误和不足，把责任都推卸到浩然身上。

浩然十分明白晨辉的心思，但他不想争名争利，也不想当着所有人的面跟晨辉争功，或当场为自己辩白。他走上演讲台，不卑不亢，心平气和地说道："这几年来，我虽然做出了一些小成绩，但也存在许多不足之处。我想，是锥子总会露出尖角，是金子总会发光。如果每个同事的票代表着他们对我的打分，那从今天的情况看，还有一半同事不认可我的工作，我的工作只够打50分。所以，我想继续留在策划部磨砺……”

后来，晨辉当上了分公司总监，浩然依然留在策划部当经理，工作上兢兢业业，对晨辉的工作也十分支持。

一次，晨辉找浩然谈话，问他当时为什么要把总监的职位让给他。浩然回答：“你当了总监，公司员工可以齐心协力朝一个方向努力；而如果是我当了总监，情况也许就不会这样。我这样做，对大家都好。”言下之意是，如果浩然当了总监，晨辉肯定会耿耿于怀，不积极配合他的工作，这样，对谁也没有好处。晨辉听出了浩然的弦外之音，心中十分羞愧。

浩然虽然没有得到升迁，却是个光明磊落的君子；而晨辉虽然当上了总监，却一点儿也不光彩。

人生悟语

坦诚，是一种修养，是一种品格，是一种智慧。坦诚的人，不必偷偷摸摸、藏藏掖掖；坦诚的人，不用苦思冥想无数的理由和谎言来掩饰自己不磊落的言行。坦诚者，心自光明，生自坦然。

缘起性空

生命原本简单而卑微，如一粒尘土，转瞬消逝在时空中，连一丝痕迹也不会留下。“小知不及大知，小年不及大年。奚以知其然也？朝菌不知晦朔，蟪蛄不知春秋，此小年也。”人的生命，虽比那朝菌、蟪蛄长，可比起永恒的宇宙来，却又渺小、短暂得可怜。人的智慧也是如此，我们也许比蝼蚁、爬虫要聪明一些，可是面对宇宙的无穷奥秘，又只能望洋兴叹。

那先比丘是一位悟道高僧，出言吐语，充满了智慧。弥兰陀王十分敬仰他，于是问他：“眼睛是你吗？”那先比丘微笑着说：“不是。”

弥兰陀王又问：“耳朵是你吗？”那先比丘还说：“不是。”

弥兰陀王接着问：“那嘴巴、鼻子、舌头是你吗？”那先比丘还是摇摇头。

弥兰陀王不知何意，继续问道：“那么，真正的你就是身体吗？”

“色身只是假设的存在。”那先比丘回答。

“这么说，意识才是真正的你了？”弥兰陀王以为自己猜对了，谁知那先比丘还是回答：“不是。”

弥兰陀王不解地问：“既然这些都不是你，那你在哪里？”

那先比丘没有直接回答他的问题，反问道：“你先说，窗子是房子吗？”弥兰陀王一愣，说：“不是。”

那先比丘又问：“门是房子吗？”弥兰陀王摇摇头，又说：“不是。”

那先比丘接着问：“那砖、横梁、木柱、床椅是房子吗？”弥兰陀王依然回答：“都不是。”

那先比丘笑了，他问：“既然都不是，那房子在哪里？”

这时，弥兰陀王恍然大悟。他悟到的，便是人生的缘起性空。宇宙万物，包括人在内，一切都是精气与尘土随缘而遇、和合而成。没有因缘，就没有一切；我们所见、所感、所遇的一切，不是一个单独的存在，都是由空而起，由许多相关的事物随遇而成。既然生命的来去都是缘，都是合，我们为什么不随缘、随遇、随性、随喜呢？

说起缘起性空，不禁想起弘一法师（俗名李叔同）的一个小故事。人们大概都听过一曲《送别》，曲子优美动人，意境苍凉深远：

“长亭外，古道边，芳草碧连天。晚风拂柳笛声残，夕阳山外山。天之涯，地之角，知交半零落。一壶浊酒尽余欢，今宵别梦寒……”这首曲子为李叔同早年在日本留学时所作。那是一个冬天，大雪纷飞，李叔同的好友许幻园忽然来到他的住处，把他和叶子小姐叫到门外，说：“叔同兄，我家破产了，咱们后会有期。”说完，许幻园未进家门就挥泪而别。

阴沉沉的天、寒冷的风、飘飞的雪、离去的往昔好友的背影、一声离别、两行眼泪……一切，都是那么悲凉，它们犹如冬日的寒冷，挥之不去。李叔同一动不动，在大雪飘飞的屋外站了一个多小时，叶子小姐叫了好几声，他都没有听见。随后，他返身回屋，关上门，让叶子小姐弹琴，含泪写下了《送别》。一曲《送别》，寄托的不仅是哀伤悲凉的离别情，更是哀伤之后的无奈、从无奈中悟出的随缘与随遇。人生最美的事莫过于遇上有缘之人，然而人与人的缘分，有聚终有散。花开花谢、生死无常，红尘色相不过是镜中花、水中月罢了。随缘、随遇、随命，便是最好的选择。

李叔同有如此禅悟，最终他舍下娇妻爱子、割断万千情丝遁入空门的结果也不奇怪。其实，人性如水，原本就很难把握。既然李叔同悟到了，看空了，便是与佛结了缘。与佛结缘而出家，不过是随性、随缘罢了。

李叔同是民国时的一个通才和奇才，他擅书法、工诗词、通丹青、达音律、精金石、善演艺，许多人因为他的诗文和才华崇拜他、迷恋他。李叔同出家的消息传开后，一位死心塌地暗恋他的女读者一时失去寄托，痛不欲生。她天天来寺里找李叔同，也就是当时的弘一法师，哀求他还俗。

李叔同并没有怒斥她无理取闹，而是派人给那女子送了一首诗，诗中有两句话："还君一钵无情泪，恨不相逢未剃时!"意思是说：并不是我非要如此无情，让你伤心流泪，只可惜我们没有缘分，不能早一点结缘。

那女子读了诗，心中百感交集，只好流着眼泪离开了。

出家后，李叔同"非佛经不书，非佛事不做，非佛语不说"。粗茶淡饭，过午不食，过起了闲云野鹤般的生活。早年的"翩翩浊世佳公子"，变成了"戒律精严之头陀"的弘一法师，令常人无法想象甚至在心理上无法接受。

但李叔同却以一颗平常心，一种懂得随缘的心态，让自己自然地完成了这一转变。

人生悟语

人，生而有欲有求，有欲求不是什么错事，但欲求需要把握一个尺度。懂得"随"，是一种人生的智慧，有利于把握好人生的尺度。

随，是顺其自然；如此，就不会妄求、贪恋，不会怨怼、躁动、忘形。

随，是把握机缘；如此，就不会慌乱、刻板，也不会悲观、消沉。

看淡是智慧，放下是爱

要说看淡与懂得放下的人，林语堂可谓是个中翘楚。他曾在婚后不久做了一件让人瞠目结舌的事情——把火将刚领的证书烧掉了。他说“结婚证书只有离婚才用得上”，烧掉它，表明了他要和妻子永远相爱、白头偕老的决心。烧结婚证书，是对形式的看淡。爱，是一种真正发自内心的东西，抛弃那一纸形式，把两个人的缘分埋在心里，才是真爱。

林语堂和妻子廖翠凤鱼水和谐，一辈子相亲相爱，可谓是一段幸福、美满的姻缘。同时，很多人也知道，林语堂心中还爱着一个人——陈锦端。陈锦端是林语堂一个同窗好友的妹妹，长得很漂亮。她爱慕林语堂的博学多才，林语堂也为她的美貌所倾倒，两个人一见钟情，双双坠入了爱河。

可是，陈锦端的父亲是一位名医，家庭富裕；而林语堂却出生在一个贫穷的牧师家庭。两个家庭悬殊的差距成了这对恋人越不过去的坎儿。陈锦端的父亲明确告诉林语堂自己的女儿已经定亲，让他死了这条心。

林语堂知道这件事情没有回转的余地，就不再苦苦纠缠。他忍痛与陈锦端分了手，心里却对她念念不忘，还一直爱着她。每次陈锦端来家里做客，他都会十分紧张；平时画画时，林语堂也会不知不觉把画中女子画成陈锦端的形象：留着一头长发，用一个发卡别在身后。

林语堂对初恋情人的爱恋是光明磊落的，从不躲躲藏藏，也从不隐瞒妻子和自己的孩子。比如有一次，女儿问他为什么总把画中女子的发型画成那样，林语堂就直言不讳地告诉她："因为你锦端阿姨的发型就是这样的啊！"

还有一次，陈锦端的嫂子去林语堂家登门拜访。那时，林语堂住在香港，当他听说多年无音讯的陈锦端在厦门时，好像一下子忘了自己是个疾病缠身、靠坐在轮椅上才能活动的老人，高兴地说："你一定要告诉她，我要去看她。"

也许你会问，难道林语堂这样做，他的妻子不会吃醋吗？若换成别人，看到自己丈夫对另一个女人念念不忘，肯定心里很不好受。可廖翠凤是一个聪明的女人，她懂得要想舒心地生活，就必须学会看淡，学会放下。

同样，林语堂对这段未竟的恋情能表现得如此磊落和坦然，正是因为他已经看淡，已经放下了。

感情的事情是这样，别的又何尝不是如此。我有个朋友十分爱好收藏古币，他把古币视为珍宝，几乎把自己所有的积蓄都投入到古币收藏中。为了买古币，他变成了一个不折不扣的月光族，有时候还沦落到借钱为生的地步。

不过，朋友们从未见到过他买的古币。因为，他怕古币氧化了，或丢失了，一买回来就把它们分好类，做好记录，然后层层包裹，小心翼翼地存放起来。为了防盗防偷，降低风险，不引起别人注意，他还刻意在装古币的袋子外面缠上一圈又一圈的破布，然后跟一堆别的旧衣服、破袜子，或一堆不起眼的杂物一同放在不能上锁的地方。真是用心良苦！

“你既然喜欢古币，为什么又要把它们藏起来呢？买了后又不见、又不摸，还有什么意义呢？”有人这样问他。

“喜欢不一定要看要摸啊！心里有就行了。”他得意扬扬地回答。

“既然心里有就行了，你还买它们做什么呢？”

“我要把它们都搜集起来，等我老了就跟我埋在一起。”

我们都认为这个朋友的举动有些疯狂。难道爱一样东西，就是为了活着时占有它，死后把它一同带进坟墓吗？

那个朋友没有想明白这个道理，常为收藏古币的事情把生活搞得一塌糊涂。比如，他不愿意把自己偷偷买古币的事情告诉女友，原因是怕遭到她的反对，尽管这件事情已经人尽皆知。每次他背着女友偷买古币后，两人总要大吵一架。她生气的，其实不是他买了古币这件事，而是他背着她做事还不让她知道的态度。

又比如，为了不让别人不小心在他家翻到古币，他干脆拒绝任何人登门拜访。久而久之，人们都觉得他太不信任朋友，渐渐疏远了跟他的关系。

此外，他还常常因为古币的事情焦虑不安。他曾好几次连夜折腾，把那些分散在各处的古币整理到一起，过几天，又将它们分散开。如此循环，乐此不疲。

为了看住他那堆“宝贝”，他平时很少出去长途旅游，就怕出现意外让那些古币遭了殃。即便在家，他出去几分钟都要把门锁上，因为生怕此时有人乘虚而入，拿走了他的宝贝。

因为几个古币，何至于此？说轻一点，这个朋友是不够淡定，把身外之物看得太重，过于焦虑了；说得重些，也可以说他有些疑心病、强迫症的症状，心理有些不正常。

如果他懂得看淡，懂得放下，大概就不至于此了吧。

人生悟语

所爱之物，应该给自己带来愉悦的心情才对。得之我幸，不得我命。无论是人是物，何必看得这么重呢？看得太重，只会让自己活得很累。

看淡是智慧，放下是爱。学会急流勇退，学会随遇而安。那些不属于你的，迟早会离开你；那些属于你的，谁也拿不走。

坐看云起时

在生命的过程中，不论是追求爱情、事业，还是学问，人们勇往直前，到后来却常常会发现那是一条绝路，没法再走下去了。山穷水尽时，难免会产生悲哀失落的心境，此时，不妨想一想唐代诗人王维的两句诗："行到水穷处，坐看云起时。"

细细品味，你会发现：原来，人生其实没有尽头；你看到的尽头，不过是一个新的开始。

王维从小聪颖过人，21岁就中了进士，在京城当官。由于王维才华出众，不仅写得一手好诗，同时工于书画，在音乐上也有着非凡的天赋，京中的王公贵族都乐于跟他往来。当时，王维真可谓是"春风得意马蹄疾"。他的人生，如那长安的牡丹，在春风中绚烂开放。

王维34岁那年，张九龄当了中书令，他十分赏识王维的才华，举荐他当了右拾遗。张九龄是一位颇有胆识且远见卓绝的政治家，他心怀百姓，对朝廷忠心耿耿，并且直言敢谏，大胆反对朝廷结党营私，滥施爵禄的政治主张，坚持跟朝中浊流作不屈斗争。

王维将一切都看在眼中，他十分佩服张九龄的为人和勇气，于是作了一篇《献始兴公》，以称颂张九龄为谋民利，宁可得罪权贵的品质。

只是，那时的唐玄宗已经日渐昏聩。不久，张九龄被罢了相，李林甫接任了他的职位。

张九龄被贬后，李林甫等人在朝中为所欲为，朝廷一天比一天腐败糜烂。大唐王朝已如一座飘摇的阁楼，岌岌可危。

张九龄对王维有知遇之恩，他的为人和主张也深得王维赞赏，况且，王维也是一位有真性情的诗人。看到这样一位刚正宽厚的上司被贬，王维心中十分沮丧。他越来越厌恶官场的黑暗与腐败，对王朝的未来感到忧心忡忡。若不是为了那一点微薄的俸禄，他也早想弃官隐居了。无奈终于还是恋栈怀禄，不能决然离去。

此后几年中，王维屡次升官，曾一度被擢升为给事中。然而，身在官场，只为一禄。王维不想与那些浊流同流合污，更不会对他们溜须拍马、曲意奉承来换得升迁的机会。他只想当一个小官，希望能够安安心心地过完下半辈子。

后来，王维得了宋之问的蓝田辋川别墅，在那里隐居。别墅周围有山有湖，林荫处处。春来花草遍地，夏来流水潺潺，溪中游鱼成群，好不自然清新。在这样一片大好的山林间，几处馆舍随意散置，十分恬静。

比起灯火繁华的长安城，这里如一处世外桃源，可以让人忘记俗世的纷扰，修得一片内心的宁静。

自从有了辋川别墅，王维一得闲就会驱车来此小住一阵，也常邀裴迪等好友在此游山玩水，写诗作画。清晨，开窗远眺，湖边草木葱茏，春山可望；傍晚，月光融融，荷月而归，见辋水泛着涟漪，波光粼粼。在辋川别墅的日子，可以说是王维人生中最惬意的一段时光了。

然而，好景不长，一场惊天之变凭空而起。安禄山攻破两京，唐玄宗仓皇出逃，王维因出逃时晚了一步，被贼兵抓住。为了保持名节，王维曾服药装病，想蒙混过关。谁知安禄山不但不生气，反而更加喜欢他了，他特意派人把王维迎到洛阳，把他拘禁在普施寺里，逼他当官。

在古代，为君尽职保节是当臣子的天职。王维是个有气节的人，当然知道当伪官意味着什么。可他却觉得活着总有一天能看到大唐重新兴盛，所以，最后他还是选择在陷落的洛阳城里苟延残喘，可心中却天天都在自责，天天在思君。

王维在洛阳被困期间，他的好友裴迪曾冒着生命危险潜入洛阳探望他，裴迪告诉王维安禄山大摆筵席犒劳叛军将士，朝廷旧臣们一个个流着眼泪在凝碧池边为安禄山表演歌舞的事情。王维听后，心中又气又愧，万千感慨凝成了一首《凝碧池》：

“万户伤心生野烟，百官何日再朝天？秋槐叶落空宫里，凝碧池头奏管弦。”

以诗明志，表达了自己不愿做伪官，却又身不由己的无奈之情。

安史之乱平息后，王维在朝中大臣的保举下被赦了罪，后来又重新当了官，一度官至尚书右丞，也算要职。然而，这么多年来，历经官场沉浮，他早就看透了官场的黑暗和仕途的艰险，归隐之心日甚。晚年，王维归隐山中，定居在终南山的一座别墅里，看空名利，一心修佛，过着自由自在的生活。

一天，王维乘兴独自在山中行走。他沿着一条小溪不断向上游走去，走着走着，不知不觉走到了小溪的尽头。于是，他索性坐下，看那悠闲的云在山林中飘游。看云之时，他突然想起，这云的家不正是这山林中的溪谷吗？原来，小溪化成了云，去了天上，去了更广阔的空间。云越积越厚，自然又会化为雨降落到这山林里。这么看，那溪的尽头，便不是尽头，而是成了云起处，成了新的开始。如此一想，心中便自在起来。

人生悟语

生命犹如一座迷宫，我们的脚下小径分岔。当人生遇到障碍时，切莫懈怠，切莫灰心。继续前行也好，就地止步也罢，一个抬头，一个转身，也许又会柳暗花明。

心中无妄念，心情自然好

有一个小和尚在打坐念禅之时，总感觉有一只巨大的蜘蛛在自己眼前织网，怎么赶也赶不走。当小和尚把自己的烦恼告诉师父后，师父就让他拿一支笔，等蜘蛛出现时，就在它身上画一个圈，做标记，看看这怪物究竟来自何方。小和尚照办了，只要眼前一出现蜘蛛，他就举起笔在它身上画圈，等蜘蛛走后，小和尚就安然入定。等静心打坐完毕，小和尚一睁开眼，意外地发现自己的肚子上全是自己画的圈。

原来，跟自己捣蛋的不是蜘蛛，而是自己心里生出的杂念。这只虚幻的蜘蛛就像笼罩在小和尚心中的魔障一样，让他坐立不安，心情烦躁，无法安心坐禅，唯一的破解之道就是用一颗平静安宁的心去化解。

佛语有云："心地不空，不空所以不灵。"很多困扰和烦闷往往来源于自己焦躁不安的内心，而非外界的他物。我们在日常生活中经常会因为一些小事大动干戈，只因为我们心中存在妄念：贪、嗔、痴、慢、疑、恶见，心生妄念就是心生恶

根、心生邪念。这些妄念就像心灵的毒药，会扼杀我们的善念，让我们变得贪婪、愤怒、多疑、嫉妒、穷凶极恶。在妄念的驱使下，我们很容易将小事放大。等到心平气和后再回想，发现自己小题大做是那么的不值得。

有一对结婚多年的夫妻，经常因为生活中各种各样的琐事吵架，每次吵完架，丈夫总是夺门而出，彻夜不归。生性多疑的妻子总是胡思乱想，以为自己的丈夫已经变心，之所以不回家是因为在外拈花惹草。

妻子的脾气越来越暴躁，动不动就摔东西来发泄，死要面子活受罪的她从来不主动和丈夫和解，总是一个人生闷气。终于，妻子病倒了，她绝望极了，甚至盼着自己赶快死去，好获得解脱。最后，丈夫实在不忍心妻子如此遭罪，就主动坦白了一切。原来丈夫之所以在吵架时离家，是因为他不想和烦躁的妻子无休止地吵下去，只好选择暂时逃避，彻夜不归并非寻花问柳，而是找好朋友打牌去了。

得知真相后的妻子一下释然了，她发现自己特别可笑，把原本简单的事情复杂化，因为固执己见在误解中一错再错，没事自己气自己，真是自寻烦恼，荒唐至极，面对自己如此的不可理喻，丈夫的做法也不无道理。

妄念是非常可怕的，不仅会剥夺我们的快乐，还会腐蚀我们的心灵，更会损伤我们的身体。与妄念相对的就是善念，善念是孕育快乐的土壤，大度从容地面对他人，用微笑去代替猜忌、消灭误解，用平和宁静的内心去对抗妄念。这样一来，我们会发现烦恼皆是浮云，唯有快乐才是亘古不变的真理。

人生悟语

生命如同一潭清澈见底的水，而妄念则是悬浮其中的杂质。它混沌了我们的心智，让我们无缘由地陷入愤懑的谷底，被负面情绪所笼罩，唯有用善念和平和来澄清这潭生命之水，才能恢复清澈，重新拥有美好心情。

愿人生从容如水

文字编辑：王玉敏
美术编辑：张鹤飞　罗筱筱
插图绘制：硬童话
封面绘制：李荣哲